JN288810

ナビゲーション大研究
GPSプロッター&航海用レーダー入門講座

はじめに

　ナビゲーションについて理解するというのは、単に船に乗せられて走るのではなく、自分が設定したコースを思った通りに航行するためのさまざまな技術を修得することを意味してます。目的地までの航程を安全に航行するには、広い海の上をどのように走るのが最も効率よく安全なのか？　どうしたら自船の位置を見失うことなく、思うコースに沿って走れるのか？　これらの課題をクリアするには、ある程度の知識と経験が必要となります。

　しかしながらプレジャーボートの世界では、航海計画を立て、その計画に沿ってクルージングを楽しむための手順を教わる機会がなかなかありません。そこで本書では、これまでの筆者の経験をもとに、ナビゲーションについての実践的なノウハウにスポットをあてながら、GPSプロッターや航海用レーダーの活用法について解説していきたいと思います。

　ボートの操船に少し慣れてきて、もう少し遠くに行ってみたいと考えている人から、これからボートを始めてみようかと考えている人まで、本書の内容が多少なりともお役に立てば幸いです。

小川　淳

注記

○ この本では、東京湾や伊豆大島などを主なフィールドとして週末のクルージングを楽しんでいる小川　淳氏が、ユーザーとしての立場から電子航海機器の活用法について説明しています。

○ この本で紹介しているGPSプロッターや航海用レーダーの解説は、筆者が所有する機種を参考としています。すべての機種に共通するようなテーマを中心に解説していますが、航海計器の種類によっては、紹介している機能がついてなかったり、操作手順が異なる場合があります。

○ 第6章で紹介している東京湾のクルージングシミュレーションについては、同エリアが掲載された海図、もしくはヨット・モーターボート用参考図を参照しながら文章をお読みいただくことをお勧めします。

○ 第6章と第7章で紹介しているコースやウェイポイントは、この本を執筆するにあたって筆者が独自に作成したものです。航海計画を立てるにあたっては、最新の情報を入手し、あくまでも各自の判断でコースやウェイポイントを設定する必要があります。

CONTENTS 目次

海図の基礎知識 P.6
ナビゲーションのイロハを理解する
COURSE1

航海計画の基本 P.24
安全なクルージングプランを立てる
COURSE2

長距離航海の軌跡 P.98
山口県から横浜まで600マイルの旅
COURSE7

プロッターの操作 P.34
GPSプロッターの基本的な使用方法
COURSE3

航海機器の活用例 P.80
東京湾クルージングシミュレーション
COURSE6

プロッターの運用 P.52
目的地までのコースを安全に航行する
COURSE4

視界不良時の航行 P.68
悪条件下での操船とレーダーの操作
COURSE5

ナビゲーション大研究
GPSプロッター&航海用レーダー入門講座

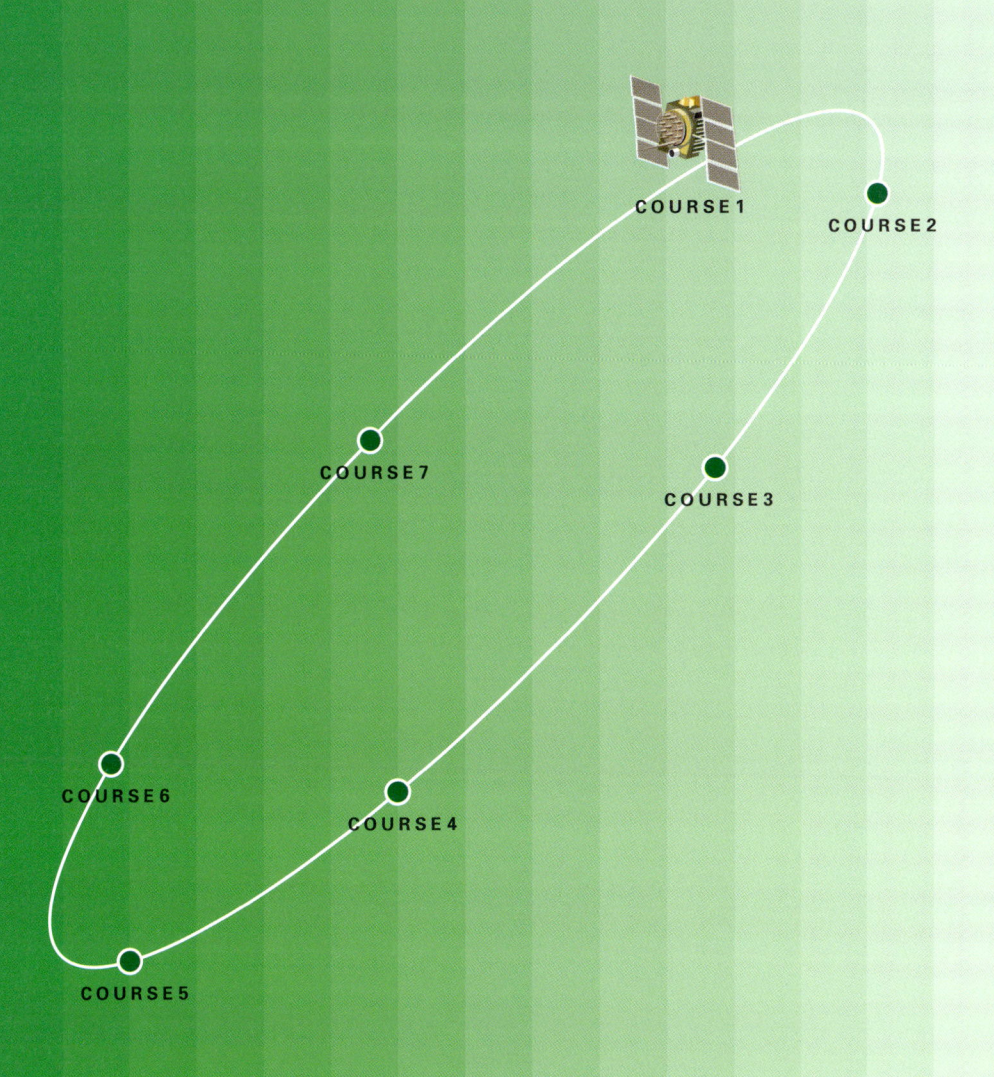

ナビゲーション大研究 COURSE1
海図の基礎知識

ナビゲーションのイロハを理解する

ナビゲーションの基礎にあるのは、大航海時代から受け継がれてきたさまざまなノウハウの蓄積にあることはいうまでもない。ここでは、海図、チャートワーク、航路標識、コンパスを使った航法など、ナビゲーションを学んでいくうえで必要とされる基本的な知識について解説していく。

ナビゲーション大研究 COURSE 1

LOG 1
航海用海図は海の案内図

　ナビゲーションを理解するうえで、最も基本となるのが航海用海図です。一般には海図とかチャートとも呼ばれていますよね。

　航海用海図は、いわゆる海の案内図。ブイや灯台、航路に泊地、水深や底質、危険な暗岩や定置網など、航海に必要なさまざまな情報が記載されています。プレジャーボートだけでなく世界中の本船でも使われていて、日本では海上保安庁が刊行しています。

　航海用海図に掲載されているさまざまなシンボル、いわゆる海図図式といえば、小型船舶免許を取るときに講習会で習ったり、試験で出題された記憶を思い出す人も多いことでしょう。航海用海図を読むためには、この海図図式を知らなければなりません。忘れてしまった人は、ぜひ復習しておいてください。

　海の距離は、マイル（ノーティカルマイル、日本語では海里と書く）で表します。1マイル＝1852mで、陸上のマイル（1マイル＝1609.344m）とは別の単位系となっているので注意が必要です。

　そもそも1マイルは、赤道から北極点や南極点までの距離を90（度）で割り、さらにその距離を60（分）で割った緯度1分の長さをベースにしています。逆算すると赤道から北極までの距離は、1.852×60×90≒10000kmということになります。

　1時間に1マイル進む速度が1ノットです。このノットという言葉は、かつて船の速度を測る目安として一定の間隔でロープにつけられた結び目（すなわちノット）に由来しているのは有名な話ですね。ボートの世界では、このマイルとノットが基本の単位となるので覚えておいてください。

　航海用海図は、総図、航洋図、航海図、海岸図、港泊図といったように、その縮尺に応じて色々なカテゴリーに分かれています。トランスオーシャン（大

海図の種類

航海用海図	総図、航洋図、航海図、海岸図、港泊図
特殊図	海流図、潮流図、大圏航法図など
海の基本図	大陸棚の海の基本図、沿岸の海の基本図など
航空図	
航海用電子海図	

総　図	400万分の1より小縮尺
航洋図	400万分の1〜100万分の1
航海図	100万分の1〜30万分の1
海岸図	30万分の1〜5万分の1
港泊図	5万分の1より大縮尺

水路参考図誌の種類

プレジャーボート・小型船用港湾案内
ヨット・モーターボート用参考図
海上交通情報図
海・陸情報図
その他

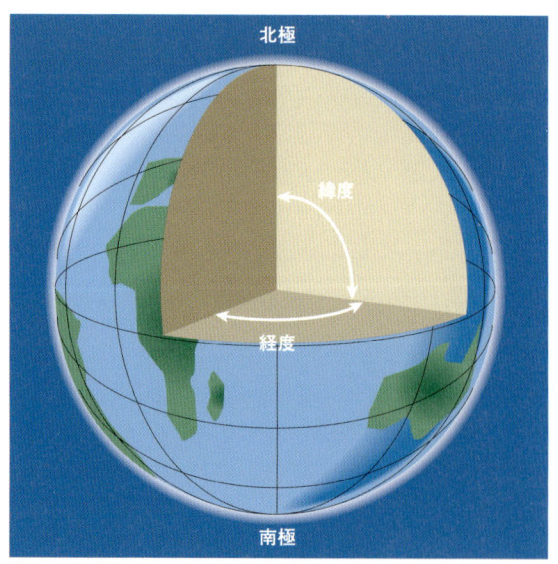

海上のナビゲーションでは、緯度・経度を使って位置情報を表現している。距離の単位としてはマイル（海里）を使うことが多く、1時間に1マイル進む速度を1ノットと定めている

陸間横断）するようなときに使う小縮尺のものから、関東近海が表示されているような中縮尺のもの、東京湾全体といった特定の狭い範囲がカバーされている大縮尺のものまで、さまざまなものがあります。航海用海図をはじめ、いろいろな海図の種類や内容に関しては、海上保安庁海洋情報部のインターネットサイトを参考にしてみるとよいでしょう。

海上保安庁の海図関連サイト
http://www1.kaiho.mlit.go.jp/KOKAI/kaizu/about_kaizu.htm

　自分が航行するであろう海域の海図については、事前に入手してご覧になることを強くお勧めします。このとき必要となる海図は、日本全体が表示されているような小縮尺のものだけでは役に立ちません。もっと個別に詳細なエリアの情報が掲載されている、大縮尺の海図を見ることが大切です。「あなたはいつも乗る海域の大縮尺の海図を持っていますか？」、「その海図を隅々まで読んで危険な個所を把握していますか？」。もし海図を持っていなければ、ぜひとも購入してください。決して無駄になることはありません。

　また、海図を購入したとしても、読まなければ意味がありません。まだ読んでなければ、一度じっくりと海図を読んでみてください。ここで「見る」ではなく「読む」といったのは、海図を漫然と眺めるだけでは役に立たないからです。危険な個所を覚えてしまうくらい、読み込むことが大切です。

　航海用海図の最大のメリットは、①一度に大量のデータを取得することができる、②全体を俯瞰（ふかん）することができる、というものです。ぜひ一度、自分が乗る海域の海図について、じっくりとご覧になってみてください。

LOG 2
海図の基本的なルール

　海図を読むにあたっては、そのルールを知らないと必要な情報をうまく取り出せません。先ほどの「海の距離はマイルで、速度はノットで表す」というのも基本的なルールのひとつです。多くは船舶

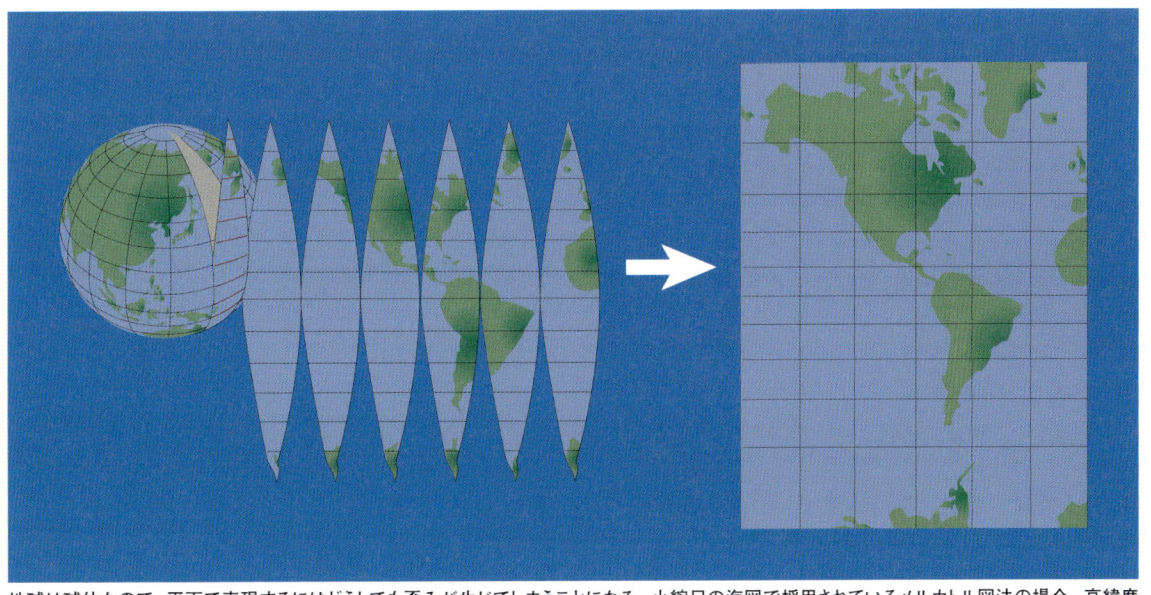

地球は球体なので、平面で表現するにはどうしても歪みが生じてしまうことになる。小縮尺の海図で採用されているメルカトル図法の場合、高緯度になるほどその歪みが顕著になるが、航行エリアも限られているプレジャーボートの場合、日本周辺の海域であれば実用上問題なく使用できる

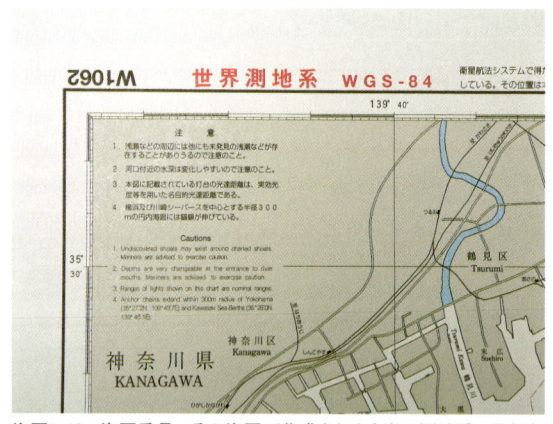

ナビゲーション大研究 COURSE 1

免許を取るときに学んだと思いますが、ここで簡単に航海用海図のルールについて改めて復習しておきましょう。

航海用海図はメルカトル図法や平面図で表示されています。プレジャーボートで使用する海図は主にメルカトル図法を使用していますが、5万分の1より大縮尺の海図は平面図で描かれています。学校の授業で習ったと思いますが、丸い地球を平面に書き表す場合、メルカトル図法では高緯度のエリアほど画像が歪んでいきます。しかしながらプレジャーボートの航行範囲は狭いので、日本周辺の海域であれば、そのあたりは考慮しなくても大丈夫です。

最も基本的な情報である緯度・経度の表示は、海図の外周に記載されています。陸上では「○市△△町×番地」などと所番地を表示できますが、海の上には目印が何もないため、緯度・経度で位置を表すことになるのです。

海図の外周にある目盛りには、度数や分数が記載されています。緯度・経度の分単位以下の表示は、秒単位（60分割）で表す場合と、小数点（10分割）で表す場合があり、海図に記載されている分以下の目盛りと合わせないとおかしなことになってしまいます。自分がどちらを使うのかを決めて、混同しないようにしましょう。いずれにしても「1分が1マイル」ということと、「海図上で距離を測るときは、その測った位置の真横にある緯度の目盛りを読む」というのが基本ですので覚えておいてください。

海図には、コンパス図（コンパスローズ）が記載されています（13ページ参照）。外側の目盛りが真方位、内側の目盛りが磁針方位を表します。航海計画を立てるときは、真方位で行なうのか、それとも磁針方位で行なうのかをはっきり区別してください。コンパスだけでナビゲーションするなら磁針方位、GPSプロッターが真方位を指す設定になっていれば、真方位のほうが便利です。

海図には、海図番号、その海図が作成されたときの測地系、発行年月などが掲載されている。GPSを使用する場合には、測地系を海図と一致させる必要がある。一方、枠線に振られている目盛りは、緯度・経度の表示。緯度の1分が1マイルでこれを基準に距離を測る

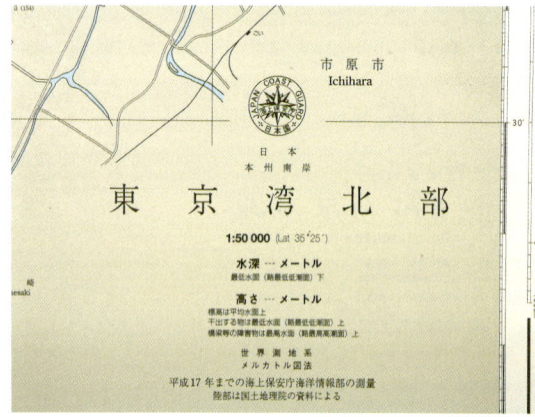

海図の表題（タイトル）には、国名、地方名などのほか、縮尺（この地図の場合は5万分の1）、水深や高さの単位（メートル）、測地系（世界測地系）、図法（メルカトル図法）などの記載がある。海図を読むにあたっては、表題も必ず確認しておかなければならない

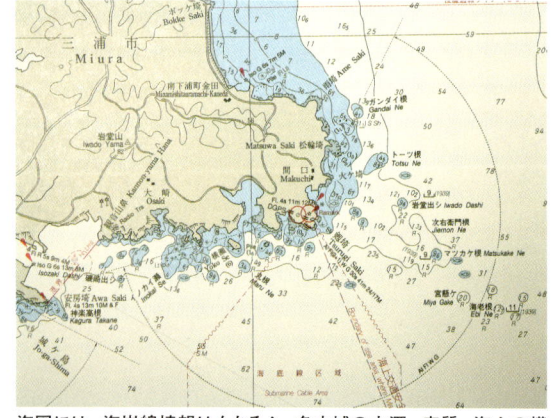

海図には、海岸線情報はもちろん、各水域の水深、底質、海上の構造物、陸上にある顕著な物標など、ナビゲーションで必要とされるさまざまな情報が記載されている。プレジャーボートを操船するにあたっては、それぞれの記号や数値の意味を理解しておく必要がある

海図の基礎知識

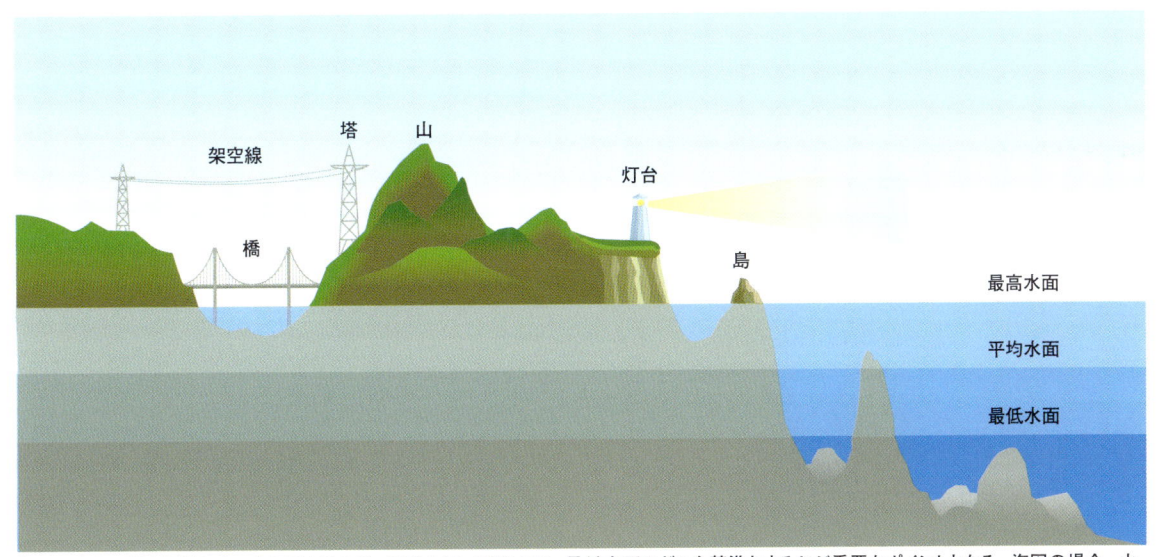

海面の高さは潮の干満によって上下するので、最高水面、平均水面、最低水面のどこを基準とするかが重要なポイントとなる。海図の場合、山、灯台、島などの高さは平均水面、水深の基準面は最低水面、架空線や橋の高さは最高水面を基準としている

　海図上にびっしりと書かれている水深はメートルで表示されていて、最低水面（略最低低潮面）を基準としています。一方、標高についてはメートルで表示されていて、一般には平均水面を基準に測った値が記載されています。

　海底の起伏の状態を見やすくするため、海図には山の等高線にあたる等深線が記載されています。等深線は連続する細い実線で表し、通常は2m、5m、10m、20m及び200mの間隔で描かれています。2m、5mといった浅場の等深線には、特に気をつけましょう。

　航海用海図の所々には、海底の底質が表示されています。外洋の底質については、釣りをするのでなければあまり気にしなくても大丈夫ですが、港湾、泊地、避泊地では、錨の効き具合を知るうえで重要な情報となります。

　海図でもうひとつ大切なのが航路標識です。灯台、灯標、灯浮標、無線局やレーダー局など、航行中に見落とすことができない大切な情報が記号で表示されています。さらに灯台や灯浮標などは、夜間の識別を容易にするため、灯色、光り方、周期などが記載されています。これらの灯質（17ページ参照）についても必ず理解しておきましょう。

　このほかにも海図には、潮汐や海・潮流、暗岩や沈船などといった海底の危険物、港界、航路などの海上区域、鉄塔や煙突などといった陸上の顕著な物標、航海上重要となる岬や島などの地名が記載されています。

　なお、水路、沿岸、港湾等の状況は常に変化しているため、海図も絶えず修正（改補）する必要があります。これらの修正情報は、水路通報として海上保安庁より提供されています。

LOG 3
水路参考図誌を活用する

　これまで紹介したように、海の上では海図が基本となりますが、しっかりとしたチャートテーブルがないモーターボートでは全紙サイズの航海用海図は扱いにくく、大型艇で

本州南岸の港湾情報が記載されたプレジャーボート・小型船用港湾案内。各港の入港針路や障害物の有無、漁協や給油の案内など、プレジャーボートが知らない港を訪れるとき強い味方になってくれる

ナビゲーション大研究 COURSE 1

プレジャーボート・小型船用港湾案内には、各港の入港針路やブイ、灯台、定置網の状況、入港に障害となるような浅瀬などの情報が記載されている。また入港に際しての連絡先や給油手配などの情報も記載されている

ヨット・モーターボート用参考図を使ってコースの検討をしているところ。限られたプレジャーボートのスペースでも扱いやすい

もない限り、実際のところ操縦席に広げて作業するのは困難だといえます。

こうした不便を解消し、プレジャーボートでの使用を念頭において作られたのが、(財)日本水路協会が発行する『ヨット・モーターボート用参考図』や『プレジャーボート・小型船用港湾案内』などの水路参考図誌です。ヨット・モーターボート用参考図は、B3判で防水加工が施してあり、装丁もしっかりしているので、オープンデッキの使用でも便利に扱えます。カラフルな多色刷りで印刷されていて、とても見やすくなっています。そのため初めての港に入るときでもわかりやすく安心です。行動範囲が広いボートの場合は枚数を必要としますが、航海用海図とは別に揃えておくと大いに役に立ちます。

一方、『プレジャーボート・小型船用港湾案内』は、各港の入港針路や障害物の有無、漁協や給油の案内など、プレジャーボートで知らない港を訪れるとき強い味方になってくれます。B5判の冊子でエリア別に何種類か用意されています。普段、自分が走る海域のものを購入しておくとよいでしょう。

日本水路協会のホームページ
http://www.jha.jp

LOG 4
偏差と自差を理解する

海図上のコンパス図を利用するにあたっては、偏差について理解する必要があります。偏差は、地球の自転する軸の方向と磁石が示す南北の軸の方向がずれていることによって生じる差を意味しています。自転軸の北を真北、磁石の示す北を磁北と呼びますが、これが同じではないのです。

地球の磁場(地磁気)の影響は一定ではありません。場所や時期によって、偏差の大きいところや小さいところが発生します。このためコンパスを用いてナビゲーションをするときには、その時点におけ

筆者のボートでは、操縦席コンソールの中央にコンパスが設置されている。周囲に設置した電子計器の影響でコンパスの方位がずれる可能性があるので注意しなければならない

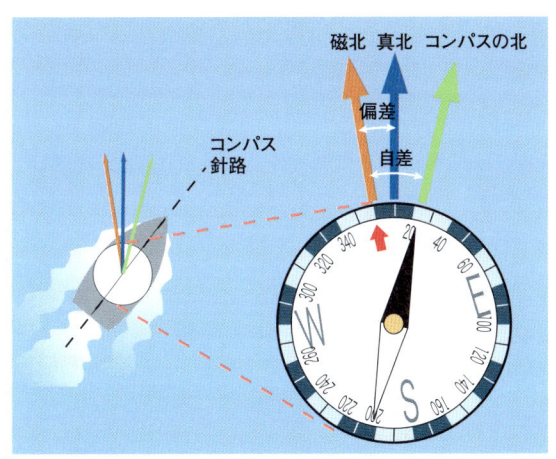

海図の基礎知識

真北と磁北のあいだに生じるずれが偏差。磁場の影響によって、磁北とコンパスの北がずれるのが自差。これらのずれを補正しないと正しい方位は算定できない

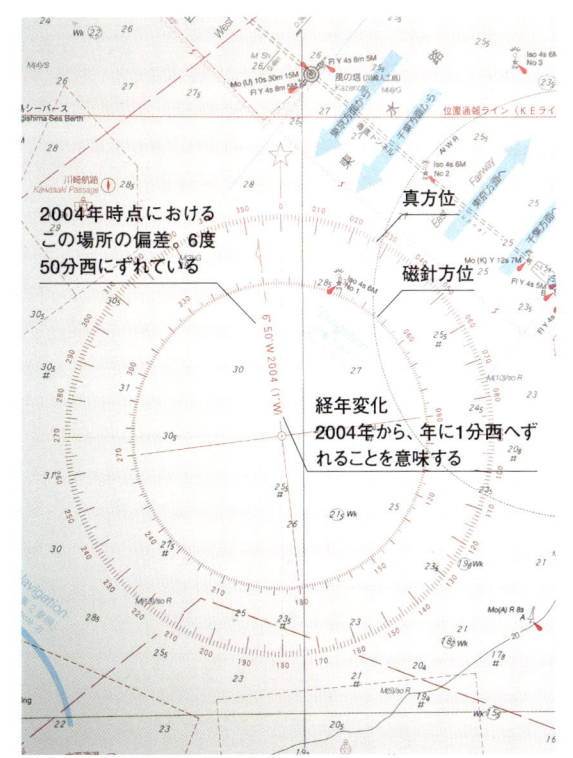

海図にあるコンパス図。外側の目盛りが真方位、内側が磁針方位を表し、中央にはその地点、年での偏差が記載されている。コンパス図が海図上に2〜3個所ある場合は一番近いコンパス図を用いて方位を出す

るそれぞれの場所の偏差分だけ角度をずらして計算しないと、実際の角度と狂ってしまうのです。

海図上では、偏差は「5°E、6.5°W」というように表現されます。現在、日本付近では概ね西偏しており、沖縄などの南西諸島でW5°、東京付近でW7°、北海道付近ではW9°程度となっています。航海するときは、この偏差を常に意識しておかないと目的の地点にたどり着けなくなります。アメリカ大陸には、東西に30〜40度もずれるエリアがあるそうです。こういう地域では、コンパスの方位をそのまま目安にすることはできません。

先にも述べたとおり、海図上で方位を示すコンパス図には、内側と外側のそれぞれの円に方位目盛りが記載されていて、外側が真方位、内側が磁針方位を示しています。さらに詳しく見ると、コンパス図には「7°20′W」などと記されています。これは「コンパスが指す北の方位が真北より西に7度20秒分ずれている」という意味で、通常は「西偏差7°20′」とか「偏差西に7°20′」などと呼びます。

偏差に続いて2004（1′.5W）などとあるのは、「ここに記された偏差の観測年が2004年であり、この地域は1年ごとに1.5分ずつ偏差が西へずれていく」という意味になります。このあたりを加味しないと、正しいナビゲーションができなくなってしまうのです。

これだけでも、海図とコンパスだけを頼りに航海するのは、かなり厄介だということがおわかりいただけると思います。ちなみに偏差が5度あった場合、10マイル走ると約1マイル弱のずれが生じてしまうことになります。

一方、コンパスを扱ううえでは、自差についても考慮しなければなりません。この自差というのは、ボートに搭載されている音響スピーカー、電子航海計器、さらにはエンジンなどによって、コンパスが示す方位（コンパス方位）と磁針方位とのあいだに生じるずれを意味します。偏差と同様、この自差も加味しながらボートを走らせないと、思ったところに着くことはできません。

コンパス図が指し示す北の方向を「磁北」というのに対して、実際にコンパスが指し示す北を「コン

ナビゲーション大研究 COURSE 1

パスの北」と呼んでいます。自差の影響を受けると、この磁北とコンパスの北が一致せず、東西どちらかへ偏るわけです。自差によってコンパス方位が受ける影響の度合いは、各ボートごとに異なります。海図上で針路を決めるには、コンパス方位から磁針方位に変換しなければなりません。

　GPSプロッターが登場する以前は、コンパスだけが頼りだったので、必死になってこの自差の問題に取り組んでいました。一度に移動できる時間が限られているパワーボートであれば自差をあまり気にすることがないかもしれませんが、外洋を走るセーリングクルーザーでは、死活問題にもなりかねません。自差を加味しないでナビゲーションしてしまうと数マイルの誤差を生じ、沖合の島を見落としてしまうことだってあり得るのです。実際、自差の影響は大きく、ボートによっては10度ぐらい平気でずれていることがあります。

LOG 5
チャートワークの手順

　海図上でコースの検討や作図をすることをチャートワークと呼びます。チャートワークを行なうにあたっては、少なくとも三角定規とディバイダーを準備しておきましょう。三角定規は、直線を引いたり、平行移動してコンパス図の針路を測ったりするのに使います。サイズは大きめのもののほうが使いやすく、私の経験では目盛りがないほうが見やすいと思います。そのほか、柔らかめの鉛筆と上質の消しゴムがあればとりあえず準備完了。さらに分度器があると便利ですが、なくても大丈夫です。

　所要時間を計算するには、電卓があると作業がはかどります。また、チャートワークでGPSプロッターにコース情報を入力する場合には、変針点（針路を変更する場所）を書き写すためのメモ用紙も用意しておきましょう。

　航海計画を立てるにあたっては、海図上に出発点から目的地までの予定コースを書き込む必要があります。まず、出発点から目的地までのあいだに、変針点を設定しましょう。変針点はできるだけ顕著な物標を海図上から選び、航行中はその物標を目指して直進していきます。したがって、変針点までの途中に暗礁などの障害物がないようにコースラインを引くことが重要となります。

　海図にコースラインを書き込んだら、それぞれの変針点から次の変針点までの方位を測っていきます。三角定規の一辺をコースラインに合わせ、もうひとつの三角定規を利用しながらコンパス図まで平行移動していきましょう。コンパス図は海図上にいくつか表示されていますが、必ずコース図の一番近い場所にあるものを使わなければなりません。

　コースラインに合わせた三角定規の辺をコンパス図の中心に移動したら、GPSプロッターの場合は外側の真方位、コンパスの場合は内側の磁針方位を読み取ります。読み取った方位は、コースラインの脇に方向がわかるように矢印を付けて鉛筆で書きとめておきます。

　この作業を繰り返し、変針点から次の変針点までの方位をすべて読み取ったら、今度はそれぞれのコースラインの距離を測っていきます。まず、海図の左右外側にある緯度の目盛りで、コースラインを読み取るための基準となる長さを求めます。目盛りの1分が1マイルに相当するので、それを参考に3マイルとか5マイルなどの区切りのよい長さにディバイダーを開きましょう。

　その状態のままディバイダーをコースラインにあてて、長さを測ります。たとえば、3マイルの距離に開いたディバイダーで4回分の距離があれば3×4で12マイル。さらに残りの距離をディバイダーで測ったら、海図の目盛りに移して長さを確認します。たとえばこの距離が2.5マイルだったとすると、12＋2.5で14.5マイルとなるわけです。

　方位を算出したときと同様に、変針点から変針点までの距離がわかったら、コースラインの脇に

海図の基礎知識

LOG 5　方位を測る

1 航海計画を立てるにあたっては、最初の出発点から目的地までの予定コースを設定しなければならない。ここでは東京湾の浦安沖にある南方位標識の脇を出発地点とした

2 三角定規の一端を出発点に合わせて固定し、もう一端を扇状に左右に動かして、途中に障害物のない安全なコースを探す。本船の常用コースもできるだけ避けるようにしたい

3 目的地の途中に障害物がある場合、選定したコース上に次の変針点を設定する。その延長線上に顕著な物標があると操船しやすい。変針点が決まったら鉛筆でコースラインを引く

4 コースラインに三角定規の一辺をあて、もうひとつの三角定規を使ってコンパス図まで並行移動させる。コンパス図が複数ある場合には、コースラインに一番近いものを使う

5 コンパス図に定規をあてて、ボートの進行方向側の目盛りを読み取る。このとき真方位（円の外側）と磁針方位（円の内側）を間違えないようにしなければならない

6 方位を読み取ったら、その数字をコースラインを書き込む。この場合の進路方向は200度であることがわかる。写真のように、針路方向がわかるように矢印も入れておく

LOG 5　距離を測る

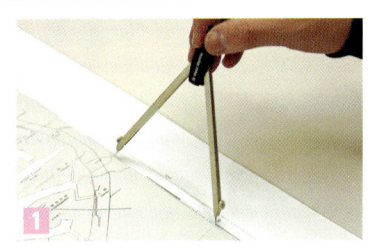

1 距離を測る場合には、緯度の目盛りにディバイダーをあてて基準となる長さを求める。できるだけコースラインの真横の位置にある目盛りで基準となる長さを測る

2 基準となる長さはなるべく区切りのよい数字にする。この写真では緯度の3分、すなわち3マイルにディバイダーを開き、コースラインに合わせて距離を測っていく

3 コースラインを長さを一度に確認できない場合は、ディバイダーを回転させながら測っていく。この写真の場合、1回転させたので基準の3マイル×2で6マイルとなる

4 ディバイダーを回転させ、コースの端までの距離が基準の長さ（この場合3マイル）を切ったら、コースラインの残りの部分をディバイダーの両端で挟み、その長さに合わせる

5 ディバイダーを開いた状態のまま横方向に移動して、海図の目盛りでその距離を読み取る。この写真の場合は1.8マイルなので、先ほどの6マイルを加えて7.8マイルとなる

6 読み取った距離（この写真では7.8マイル）を、先ほど記入した方位の数値の横に鉛筆で書く。数字に加えてNM（ノーティカルマイル）と単位も記入しておこう

ナビゲーション大研究 COURSE 1

書き込みます。すべてのコースラインの距離を測ったら、全航程の距離も算出しておきましょう。

LOG 6
さまざまな航路標識

ここでは、ボートが航行するうえで特に注意しなければならない灯標（岩礁や浅瀬に設置された構造物）、灯浮標（海上に浮かべた構造物）、立標（岩礁や浅瀬に設置された構造物で灯火を発しないもの）、浮標（海上に浮かべた構造物で灯火を発しないもの）、灯台について見ていくことにしましょう。

航行するうえで知らなければならない灯浮標や灯標には、右舷標識、左舷標識、孤立障害標識、安全水域標識（中央標識）、特殊標識、東西南北それぞれの方位標識などがあります。これらの標識は、右舷標識が赤、左舷標識が緑、孤立障害標識は赤黒のだんだら、安全水域標識は赤白のだんだら、特殊標識は黄色、方位標識は黄色と黒のだんだらというように色や形状で区別されています。

右舷標識は水源に向かって航路や安全水域の右端に位置することを示しているので、水源に向かってこの標識の左側が可航水域となります。一方、左舷標識は水源に向かって航路や安全水域の左端を示していることになります。

方位標識は、岩礁、浅瀬、沈船などの障害物がどの方位にあるかを示しています。たとえば北方位標識であれば、その標識の北側に安全水域がある、逆にいえばその標識の南側は危険だということを表しています。

孤立標識や特殊標識はなんらかの注意を呼びかけるものです。この標識に囲まれている水域や、標識の周囲には近づかないようにしましょう。一方、安全水域標識は標識の周囲に航行可能な水域がある、あるいは標識の位置が航路の中央であることを示しています。

こうした標識群はカラフルに色分けされている

上左：漁港の防波堤に設置された灯台。チャート上には灯質（明暗の有無、色、光る周期）の記載があり、それと見比べることで変針点や船位の確認ができるようになっている
上右：神奈川県にある三崎港東航路の左舷標識。水源に向かってブイの右側が可航水域となる。それぞれの標識は、塗色（このブイの場合は緑）、トップマークの形状（このブイの場合は円筒形1個）などによって判別が可能となる
下左：三崎東航路の右舷標識。こちらは塗色が赤、トップマークの形状は円錘形1個となっている
下右：第2海堡南方にある方位標識。方位標識の表す方位に安全な水域があることを意味する。この写真は南方位標識なので、ブイの南側に可航水域があることになる。逆にいえば、ブイの北側は危険だということを意味している。このようにトップマークの形状や塗色（黄と黒）の組み合わせによって標識を判別することができる

ため、日中の航行については海図図式を見ればすぐにわかります。一方、難しいのはなんといっても夜間の航行です。夜間においては灯浮標の光を参考にして、慎重に航行してください。

また、夜間に自船の位置を知る場合、灯台の光（灯質）も重要な情報となります。明暗の有無、色、光る周期などによって、それぞれの灯台は夜間でも識別することができます。海図や灯台表には、それぞれの灯台の灯質が記号で表記されているので、その意味が理解できるようにしておきましょう。

海図の基礎知識

海上浮標式

種別		標体	トップマーク		図解		灯色
		塗色	塗色	形状	灯浮標	灯標	
側面標識	左舷標識	緑	緑	円筒形 1個			緑
	右舷標識	赤	赤	円錐形 1個			赤
方位標識	北方位標識	上部黒 下部黄	黒	円錐形 2個縦掲（両頂点上向き）			白
	東方位標識	黒字に 黄横帯1本	黒	円錐形 2個縦掲（底面対向）			白
	南方位標識	上部黄 下部黒	黒	円錐形 2個縦掲（両頂点下向き）			白
	西方位標識	黄字に 黒横帯1本	黒	円錐形 2個縦掲（頂点対向）			白
孤立障害標識		黒字に 赤横帯 1本以上	黒	球形 2個縦掲			白
安全水域標識		赤白 縦しま	赤	球形 1個		なし	白
特殊標識		黄	黄	×形 1個			黄

ナビゲーション大研究 COURSE 1

灯質

呼称	略記		図解
不動白光	FW		
単明暗白光	Oc W 8s	明6秒、暗2秒	←8 sec→
群明暗白光	Oc(2)W 10s	明6秒、暗1秒、明2秒、暗1秒	←10 sec→
等明暗白光	Iso W 10s	明5秒、暗5秒	←10 sec→
単閃赤光	Fl R 10s	毎10秒に1閃光	←10 sec→
長閃白光	L Fl W 10s	毎10秒に1長閃光	←10 sec→
群閃赤光	Fl(3)R 12s	毎12秒に3閃光	←12 sec→
複合群閃赤光	Fl(2+1)R 7s	毎7秒に2閃光と1閃光	←7sec→
連続急閃白光	QW		
群急閃白光	Q(3)W 10s	毎10秒に3急閃光	←10 sec→
群急閃白光	Q(6)+L Fl W 15s	毎15秒に6急閃光と1長閃光	←15 sec→
モールス符号白光	Mo(A)W 8s	毎8秒にA符号	←8 sec→
連成不動単閃白光	F Fl W 10s	毎10秒に1閃光	←10 sec→
連成不動群閃白光	F Fl(2)W 10s	毎10秒に2閃光	←10 sec→
不動白赤互光	Al WR 10s	白5秒、赤5秒	←10 sec→
閃白赤互光	Al Fl WR 10s	毎10秒に2閃光	←10 sec→
群閃白赤互光	Al Fl(2)WR 15s	毎15秒に2閃光	←15 sec→
複合群閃白赤互光	Al Fl(2+1)WR 20s	毎20秒に白2閃光と赤1閃光	←20 sec→

海図の基礎知識

LOG 7
コンパスを使った航法

　最もベーシックなナビゲーションツールであるコンパスは、長きにわたって航海者を支えてきました。大帆船時代、いいえ、もっと近代にいたるまで、コンパスひとつを頼りにして大海原を渡っていったのだから驚きです。

　現在でもGPSプロッターがなかったとすると、やはりコンパスだけが頼りとなりますが、コンパスで針路を定めるときは、偏差や自差の影響を加味しないといけません。コンパスによる推測航法は難しいのです。目視航行ばかりで方位を意識していなかったり、自差の修正をしていなかったりすると、30度ぐらいは平気でコースがずれることがあります。少なくとも視界のあるときは常に周囲

地文航法と推測航法

　地文航法（クロスベアリング）とは、岬や山、煙突などといった顕著な物標までの方位を測り、海図上にその方位線を作図して、その交点から自船位置を求めるというものです。地文航法を行うにあたっては、3点以上の物標を利用し、物標と物標の角度が120度程度（少なくとも60度程度）になるようにしましょう。

　ただし、3つの物標の方位を作図して3本の線が一点で交わるケースはまれです。通常は線と線が交差して小さな三角形となります。これを誤差三角形といい、通常はこの三角形の中心にいると仮定して船位を求めます。

　誤差を少なくするには、3点の方位を測定する時間をなるべく短くする必要があります。また、方位変化の少ない首尾線上の物標を先に測定し、すぐに方位の変わってしまう左右方向の物標はあとで測定するとよいでしょう。

　とはいうものの、狭い湾内を航行しているならばいざ知らず、沿岸を航行する場合、片側には海しかないというのが一般的です。このため、3点の物標を利用したくてもできません。そこでこのような状況では、見通し線にある2物標を通る線と、もう1点を利用したクロスベアリングを行なうとかなり正確に自船の位置を把握することができます。いわゆる「山立て」という方法ですね。

　いずれにせよ、航行中に海図を広げて作図をして…などという余裕はないので、事前に予定コース上で利用できそうな物標を選定しておき、それぞれのポ

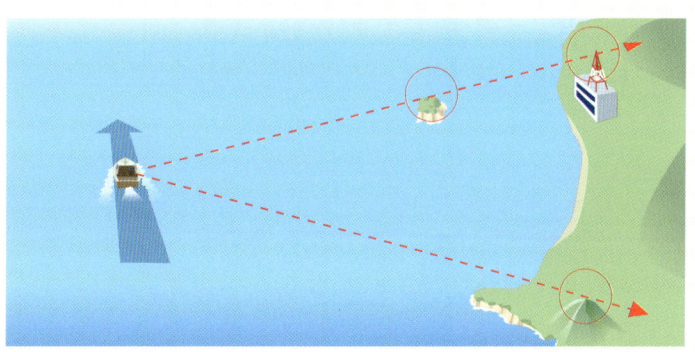

コンパスを使った航法で沿岸を走る場合は、陸岸にある物標の方位を測定し自船の位置を割り出す。陸岸の物標を測る場合、見通し線にある2物標を確認するとより精度を上げることができる

イントで各物標への方位を測ってメモしておく必要があります。たとえば予定コース上の船位確認ポイントで、A岬が120度、B灯台が30度に見えるとすると、B灯台が25度に見えれば陸に近すぎますし、40度に見えれば離れすぎていることになります。さらに予定コースからのずれなどを加味して針路を修正し、次のポイントに向かうのです。こうした地文航法によって、視界がよい場合であれば、ある程度は自分の位置を把握しながら航行することが可能となります。

　一方、視界が悪いため、コンパスと速度、時間だけを頼りに操船するのが推測航法です。「何度の方向に何ノットで何分走ったから変針する」といった方法ですが、非常に高度な技といえます。プレジャーボートの世界では、日常的にこの方法で操船することはありません。せいぜい地

文航法で走っていて、途中で視界が悪くなり、やむなくコンパスと時計を見ながらドキドキして走るぐらいのものでしょう。

　GPSプロッターが普及した現在、推測航法で操船するというケースは考えにくいかもしれません。しかしながら、視界が悪いときにGPSプロッターが故障してしまったらどうしますか？　そう考えると、知識として推測航法の基本ぐらいは覚えておく必要があるのです。

　ちなみに地文航法と推測航法には面白いエピソードがあります。古い話で恐縮ですが、第二次大戦の頃、海軍の飛行機は茫洋たる海原を推測航法で自由自在に飛び回っていたのに対し、陸軍の飛行機は主に地文航法を用いていたため、洋上飛行ができなかったのだそうです。これなども推測航法の難しさを言い表したエピソードといえるでしょう。

ナビゲーション大研究 COURSE 1

に注意して、視程が落ちてきたと思ったら針路をしっかりと定め、そのコンパス示度に従って進みましょう。自差があっても同じ方角を向いているときには、角度は変わらないですからね。

あとはコンパスの方位と速力と時計だけが頼りとなります。しかし、これは実に高度なスキルを要求される操船だといえます。現在の位置と針路と速力と時間から、目的地（または変針点）までの所要時間を計算して進むのです。真っ直ぐ進むことができれば、だいたい予定時刻に予定地点にいるはずですが、見通しがきかず、物標を確認できないような場合は、およその推定しかできないのです。わずかでも見通しがきかないとすると、私も自信がありません。

こんな例もありました。ボートの大ベテランである私の友人が20フィートのボートで伊豆大島に行ったときのことです。行きはずっと見えていたのですが、帰りは靄（もや）がかかってしまい見通しがききません。沖合の島から帰るときは特に珍しいことではありませんが、ちょっとドキドキしたそうです。当時はGPSなどなかった時代。大島からコンパスを頼りに城ヶ島を目指して走り、やっと灯台が見えたときの安心感はなんともいえなかったそうです。

最近は、ちょっと開けた海域に行こうというボートであれば、コンパスだけしか積んでいないというケースは少ないかもしれません。しかし、ベテランでもコンパスだけで走ればやっぱり不安なんだ、ということは覚えておいてください。

霧や靄に限ったことではないですが、視界制限状態で自分の船位や針路を保持するというのは案外難しいものです。およそ人間の五感の中で、最も多くの情報を受け取っているのは視覚だと思います。普段はあまり意識することのない「見る」という行為によって、航行中もさまざまなフィードバックをかけて走っているのです。霧や靄に包まれると、普段、いかに私たちが視覚に頼っているかがわかります。

LOG 8
GPSとGPSプロッター

さて、この本の主役となるのがGPS（Global Positioning System、全地球測位システム）です。GPSが民生用として普及してから10年ちょっと。元々は米国の軍事用として整備されたものでしたが、今ではカーナビをはじめ、あらゆる乗り物や山歩きなどに必要不可欠な機器のひとつとなっています。

GPSの原理は、軌道上を回る複数の人工衛星までの距離を測り、三角測量して位置を割り出すというものです。軌道上には全世界をカバーするように、常時24個以上の衛星が回っています。その費用だけでも莫大なものを無料で使わせて頂いて、なんだか悪いような気もします。

民生用に開放されてしばらくは、SA（Selective Availability、選択利用性）という測位精度を意図的に下げる処理がされていたため、当時の測位精度は数十メートルから百数十メートルといわれていました。これだけでも十分高い精度ですが、狭い港湾や狭水道を通る船舶には、多少、精度が足りません。そこで、基地局（中波ビーコン局）から発信される電波を利用して測位精度を十数メートル程度にまで高

GPSプロッターが故障すればコンパスだけが頼りとなる。地文航法や推測航法の基本は理解しておかなければならない

海図の基礎知識

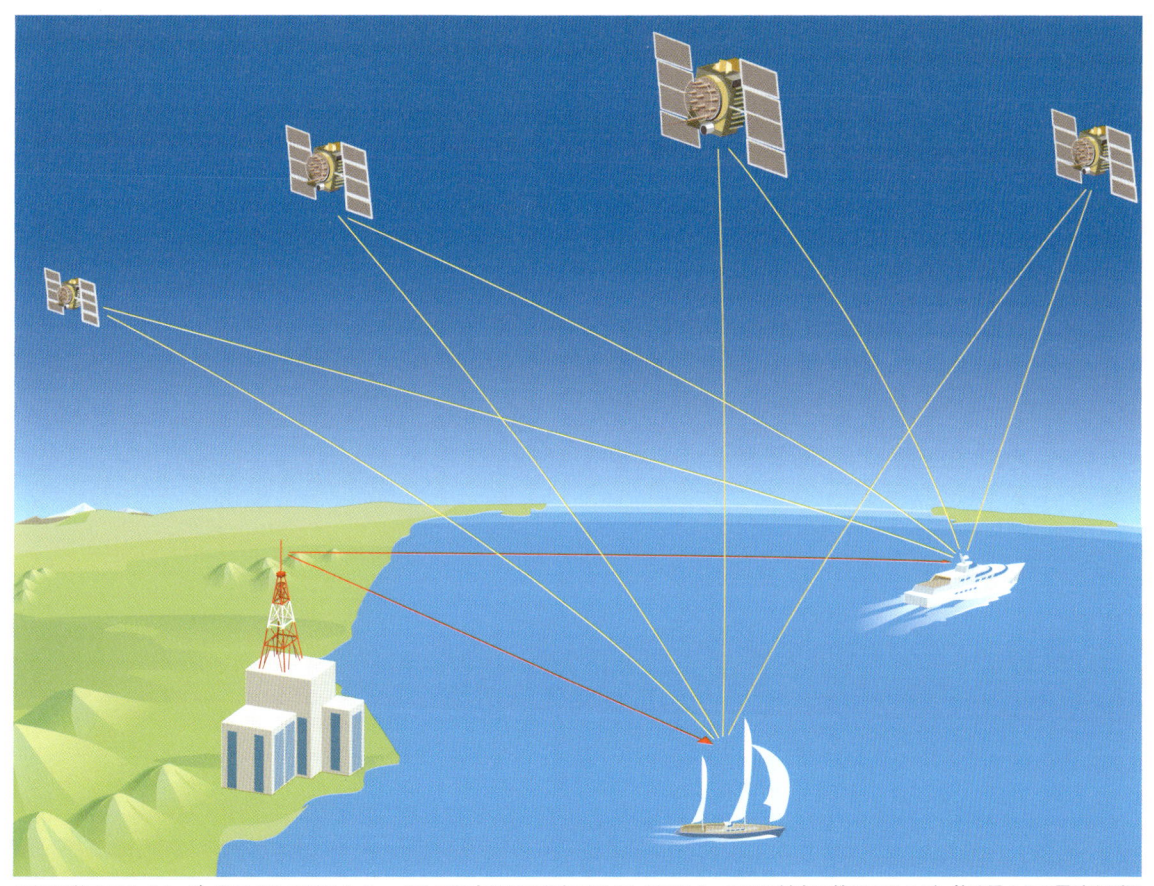

GPSの基本的なイメージ。衛星からの信号をキャッチして現在位置を把握することができる。DGPS対応の機器であれば、基地局からの電波を利用してさらに測位データの精度を上げることが可能となる

筆者が使用しているGPSプロッター。機種によって表示される情報もさまざまである。用途や予算に応じて最適なものを選ぶ必要がある

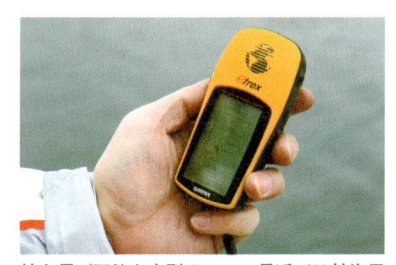

持ち運び可能な小型のGPS。最近では航海用参考図のデータを組みこんだマリン仕様のものも販売されている

筆者が使用しているGPSプロッター。最近の機種では画面表示が見やすくなり、機能の多様化も進んでいる

めた、ディファレンシャルGPS（DGPS）なるものが使用されるようになりました。さらに最近ではSAの制限が解除されたため、GPS単独の測位精度も十数メートル程度にまで高められつつあります。

GPSを用いれば、特別な技術は一切必要なく、地球上の自分のいる位置がほんの十数メートル程度の誤差でわかるのですから、まさに文明の利器の賜物といえます。何世紀にも渡り船乗りの夢だったことが、現在ではスイッチを入れるだけで実現するようになったのです。

ナビゲーション大研究 COURSE 1

ところで、GPSとGPSプロッターという2つの言葉がでてきましたが、どう違うのでしょうか？ GPSはもともとGPSロケーターと呼ばれていたように、自分の現在位置を緯度・経度の数値で教えてくれるものです。少し高級な機種になると、設定した目的地までの距離や方位を数値で教えてくれるものもありました。

一方、GPSプロッターというのは、GPSで得た現在位置の情報を地図や海図上に重ねて表示する機能を持ったものです。当初は大雑把な情報だけでしたが、その後の目覚しい技術の進歩によって、海岸線、等深線、航路標識、航路、主要な水中障害物などのさまざまな情報を表示することができるようになりました。最近では3Dで海底の起伏を表示したり、レーダーの画像と重畳表示させることができるなど、さまざまなタイプのものが登場しています。普段、何気なく使っているGPSという言葉は、このGPSプロッターを指す場合が多いですよね。みなさんもプレジャーボートのナビゲーションツールとして、真っ先にイメージするのがGPSプロッターではないかと思います。

GPSプロッターは目的地やコースの登録はもちろん、目的地までの方位や距離の確認、目的地までの到着時間の算出、航跡の表示など、実にさまざまな機能を持っています。いずれも航海するうえでは、大変便利なものばかりですよね。誰でも簡単に自分の現在位置、針路、対地速度などを知り、思った通りに走ることができますが、コンパスと時計だけで推測航法をしていた時代には、これらを正確に算出できるようになるまでに、長い経験と高いスキルが必要だったのです。

GPSプロッターの詳しい使い方については別項に譲るとして、ここではひとつだけ注意しておいて欲しいことがあります。普段、GPSプロッターに頼りきっていると、いざGPSプロッターが使えなくなってしまったときには、ちょっと想像がつかないくらいの不自由さを感じるのです。試しに視界が十分ある日を選んで、GPSプロッターの電源を切って走ってみてください。自分が思っている位置が、いかに曖昧なものであるかが理解できると思います。地文航法が使えないような沿岸から遠い外洋を走る場合は、なんらかのバックアップ手段を持ったほうがよいでしょう。

怖がりな私はGPSプロッターを別系統で複数台積み、メインとサブというように使い分けています。また本当にいざというときのバックアップとして、乾電池で動くハンディタイプの小型GPSも積んでいます。「なにを子供みたいなことを」といわれそうですが、過去に時化のなかでGPSプロッターが使えなくなってしまったことがあり、用心深くなってしまったのです。

LOG 9
航海用電子海図の活用

昨今のIT技術の進歩は目覚しいものがありますが、マリンの世界もその多大な恩恵を受けています。GPSプロッターなどはその代表例ですが、周辺の分野でも大きく技術が進歩しており、最近では、航海用海図についても大きな変化が見られるようになりました。

航海計画を立てるうえで重要な資料となる航海用海図は、鉛筆で何度も書いたり消したりするうちに汚れていきます。また、最新の情報にアップデートしていくためには、その都度、修正し続けなくてはなりません。作業スペースの確保も必要で、小型のプレジャーボートの場合は、扱いにくいサイズといえます。また、実際にナビゲーションをする際、チャート上で設定したコースを、わざわざGPSプロッターなどの航海機器に転記し直すというのも面倒なものです。

そんな不便さを解消させるべく登場したのが航海用電子海図（ENC＝Electronic Navigational Chart）です。紙の海図に書かれた情報が、デジタ

海図の基礎知識

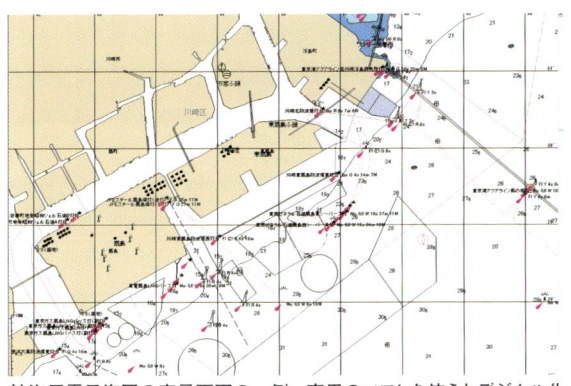

航海用電子海図の表示画面の一例。専用のソフトを使うとデジタル化された海図情報をパソコン画面で確認することができる

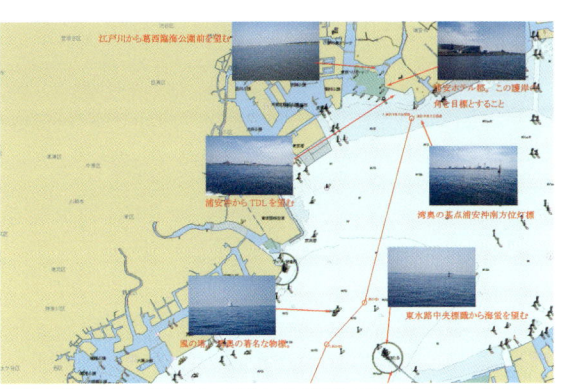

一部のビューワーソフトでは、デジカメで撮影した写真やコメントをチャート上に加えおくことも可能。紙の海図にはない機能を備えている

ルデータとして整備されたのです。航海用電子海図は、紙の航海用海図と同様に海上保安庁から刊行されていて、誰でも購入することができるようになっています。

航海用電子海図の場合、紙の航海用海図と同等の情報が掲載されているので、全てのナビゲーションを紙の海図を使わずに行なうことができます。当初は表示する装置が大型で高価なものだったため、大型の本船などでしか使えませんでしたが、最近ではパソコンにインストールして表示できるソフトウエア（ビューワーソフト）が手ごろな価格で販売されるようになってきました。

自分のパソコンにビューワーソフトと航海用電子海図のデータをインストールすれば、液晶画面で海図を見ながら航海計画を立てることができます。使うコースをあらかじめ入力しておけばいちいち検討する必要もなく、最適なコースを設定可能。三角定規とディバイダーを使って悪戦苦闘しながら航海計画していたのが、まるで嘘のようです。しかもGPSとパソコンを接続すれば、この電子海図がGPSプロッターに早変わりするのですから驚きです。

GPSと航海用電子海図を組み合わせることで、航跡がそのままデータとして残せるようにもなりました。このデータを使ってあとで詳細な分析をすることができますし、友人と航跡データの交換をすることも可能です。自分が行ったことのない場所でも、模擬的に航路をトレースできるのだから凄いですよね。航跡を再生しているうちに、思わず見惚れてしまうことすらあります。

これらの航跡データをもとにすれば、簡単に予定コースを作図することができます。以前なら紙の海図を見ながらコースを検討し、位置情報をプロットし、GPSに入力して……とやっていたのが、紙の海図を使わずにできるのですから、技術の進歩というのは凄いものです。パソコンのビューワーソフトと航海用電子海図の組み合わせは、プレジャーボートの世界に情報革命を起こしてくれるかもしれません。

筆者のボートにはパソコンが搭載されていて、日本総合システム株式会社（http://www.nssys.co.jp/）のChartViewerというビューワーソフトで航行中も電子海図でさまざまな情報を確認することができるようになっている

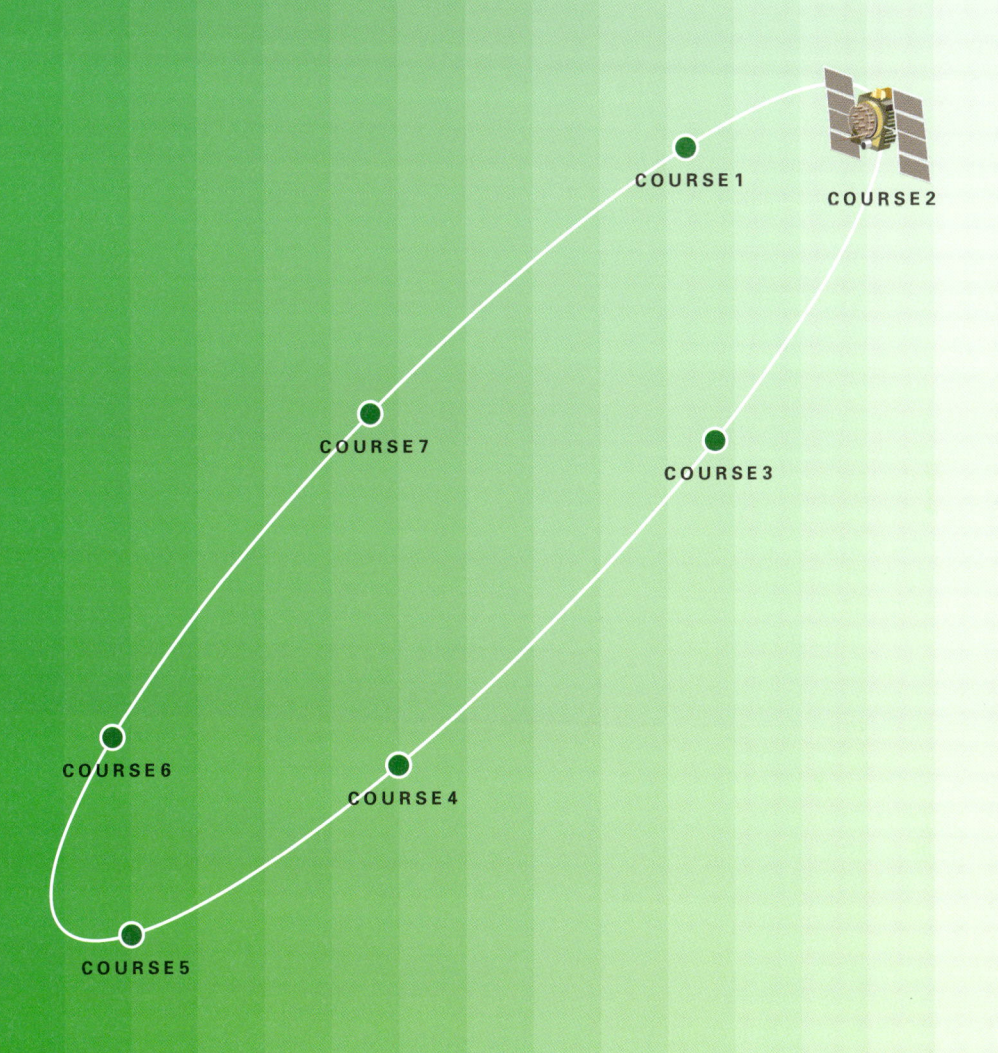

COURSE 1
COURSE 2
COURSE 3
COURSE 7
COURSE 6
COURSE 4
COURSE 5

ナビゲーション大研究 COURSE2
航海計画の基本

安全なクルージングプランを立てる

安全にクルージングを楽しむためには、出航前にしっかりとしたプランを立てることが重要である。目的地、寄航地、コースラインの設定、入港経路の調査、航行距離や航行時間の算出、燃料補給の必要性などといった個別のテーマを、さまざまな角度から事前に検討することが重要となる。

ナビゲーション大研究 COURSE2

LOG 1
ドライブvsクルージング

　海図は、よく陸の道路地図にたとえられますが、その中身は大きく異なります。道路地図には、安全に管理されている道路網が細かく掲載されています。当然、車は道路しか走りませんから、少し道に迷ったとしても、目的地に到着できないということはありません。

　しかし、海は違います。海には道路がありません。すべて自分で針路を決めなくてはならないのです。つまり海図は、艇長が針路を決定するのに必要な情報を提供して、その決定を手助けしてくれるだけのものなのです。「A点からB点に向かうとき、直接進んでよいか」、「途中に障害物はないか」、「ちょっとコースを外れたところに危険な個所はないか」。これらをすべて艇長自身が判断しなくてはならないのです。

　間違った判断をして途中に浅瀬があるコースをとった場合、座礁するのは必至です。一見、広くてなにもないように見える大海原にも、漁網、ブイ、暗岩といった、さまざまな障害物があります。こういった危険がある海に出て行くには、「ちょっとドライブへ」というのとは異なる注意が必要となるのです。

　こうした事前の調査や準備を航海計画といいます。具体的には、目的地の選定から停泊の交渉、入港経路の調査、航行距離の算出、出港時間や帰港時間、航海時間の見積り、燃料補給の必要性や可否の判断、荒れたときの避難港の選定、食事の手配……。これらを考え、調査し、そして決断するという一連のプロセスが、航海計画を立てるうえでの基本的な流れといえるでしょう。

　初めて行く場所では、誰だって気を使います。車でも、初めての場所なら地図を見てみようという気になるものです。もっとも日本国内であれば、どこにでもガソリンスタンドやコンビニエンスストアがあるので、路頭に迷うことはありません。カーナビに目的地を入力すればそれでおしまいという人も少なくないはずです。しかしながら、さすがに泊まりがけで出かけるような場合は、なにかしら準備しますよね。ボートの場合も同じなのです。

　ベテランと呼ばれる人は、航海計画の一連のプロセスを一瞬のうちに考えることができるので、はたから見ると計画しないで行動しているように見えます。しかしながら、ベテランだって行ったことのない場所を航行するときには、ちゃんと調べているんですよ。ビギナーの皆さんがどこかへ行こうと思ったときは、そこへ行くまでの航海計画を練ってみてください。スキルアップにもつながりますし、クルージングしたことのない場所であっても、自信をもって行けるようになります。

LOG 2
目的地や寄航地を選定する

　それでは、具体的な航海計画の立て方について

陸上のドライブと海上のクルージングは必ずしも同じではない。だからこそ、事前にしっかりと計画を立てることが重要となる。またその日の状況に応じて、必要とあれば計画を変更する柔軟性も必要となる

航海計画の基本

見ていくことにしましょう。初めての場所に行くときには、やらなければならないことが数多くあります。誌面の関係ですべてを述べるわけにはいきませんが、ポイントだけを挙げてみます。

まず、具体的な目的地や寄航地の選定です。係留や燃料の補給が可能で、入港時に困難がない場所を選ぶことが重要です。出入りの難しい港は、最初に候補から外してしまいましょう。港は近いところが安全とは限りません。

漁港の片隅に停泊させてもらう場合は、ルールとマナーを守り、漁協に一声かけてから泊めるようにしましょう。もちろんマリーナなどに泊めるときも、寄港の可否を予め確認しておかなければなりません。最近では「マリンロード」という海の宿場町が制定されるなど、プレジャーボートを積

目的の港に到着したら、マリーナや漁港の関係者の指示に従って、すみやかに入港手続きを済ませておこう

極的に受け入れてくれるマリーナや漁港が増えてきました。それにつれてクルージングコースの選択肢も広がってきつつあります。

日程が決まったら、当日の潮汐の確認もお忘れなく。潮の干満が大きいときなどには、浅瀬に乗り上げたり、護岸の上り下りが大変だったり、係留中にフェンダーや舫いロープの調整を頻繁にしなければならないことがあるからです。

また、自艇の航続距離ギリギリの場所を目的地に選ぶのは禁物です。燃料消費量は、海況によって大きく異なるからです。また、目的地選定にあたっては、時間的余裕を持つことを忘れないでください。陸上のドライブであれば、少し到着が遅れても問題ないかもしれませんが、プレジャーボートの場合は暗くなってしまったら走れないと考える必要があります。よほどの凪なら別かもしれませんが、多少なりとも波立ってくるとかなり怖いものです。慣れない海域で、漁具、暗岩、照明のない防波堤などといった、さまざまな障害物がある港に入ることはできません。

写真は千葉の保田漁港。マリンロード（http://uminohi.com/marineroad/）の宿場町にも指定されていて、プレジャーボートの受け入れが可能となっている

ハイシーズンともなると、人気のある寄港地は混雑する。事前に寄航の可否を確認しておくことが重要だ

27

ナビゲーション大研究 COURSE2

日没は季節によって異なります。春から初夏にかけては日没が遅いですが、それでも早め早めの計画を立てるのが基本です。

LOG 3
安全なコースの決め方

目的地や寄港地が決まったら、具体的なコース取りを考えていきます。まずは海図を見ながら、机上でおおよそのコース設定しましょう。浅瀬、定置網、航路や本船の往来が激しいエリアは十分に避けなければなりません。

出発地から目的地までのあいだに、避難港を選定しやすいコースとするのが理想です。また、予定コース上の変針点や通過点などを事前に確認し、その時々の海況の変化によって避航するかどうかを判断をする地点も決めておきましょう。

初めての港を訪れる場合は、プレジャーボート・小型船用港湾案内を活用しましょう。日本全国の主だった港への出入港針路が記載されていて、大変に重宝します。ぜひ備えておいてください。

次に、海図を見ながら机上でおおよそのコース設定をします。三角定規の出発点側を固定し、反対側を扇形に動かしながら、途中に暗礁などの障害物がないコースを探しましょう。大型船の航路などにも注意し、不用意に入り込まないようにしなければなりません。

航行の安全を守る灯台。それぞれの灯台の灯質の違いを十分に理解しておく必要がある

少し遠回りになったとしても、変針点はわかりやすい物標の近くに設定します。このほうが海上で迷いにくいので、結局は近道となることが多いはずです。ただし、物標そのものに変針点を設定するとぶつかってしまうので、実際には物標を真横にみるポイントを変針点に設定しましょう。もしコース上に適当な物標がない場合は、「△△を30度に、○○を210度に見る」といった地文航法で求められるポイントを変針点に設定します。

目的地までの変針点が確定すれば、変針点をつなぐ線を引いてコースラインとします。こうして海図上でコースを検討するのです。

不慣れな海域を走るときも、海図上で障害物がないかを確認するのが基本ですが、さらにこういったエリアでは、暗岩や定置網などに近づかないようにすることが重要です。浅瀬や網などの障害物は、陸岸近くにあるというケースがほとんどですから、陸に近づかなければそれだけ危険が少ないといえるわけです。

俗に「沖出し2マイル」といわれるように、陸岸から2マイル程度離れて航行すれば、こういった障害物は少なくなります。浦賀水道航路の観音埼付近のように狭いエリアなら別ですが、まったく知らない海域を走る場合は、基本的にこの程度の安全策はとるようにしましょう。

海上にはブイや定置網といったさまざまな障害物がある。この写真のように凪いでいれば障害物の確認は容易だが、ちょっと時化てくると発見が困難になる。安全なコースを設定し、それに従って走ることが重要だ

航海計画の基本

　天気のよい日などは、2マイルぐらい離れても特に問題はないですが、悪天候で視界がきかないときは、2マイルも離れると陸岸が見えなくなるケースがあります。こういった場合、不慣れな海域であればあるほど陸に近寄ってしまいがちです。しかしながら悪天候時に浅瀬を航行すると、波が急に高くなったり、巻き波になったりして非常に危険です。慣れた海域でも、霧に巻かれて視界がきかず推測で走っていると、いつのまにか安全水域を通り越して浅瀬に入り込んでしまう場合があります。常に船位を確認する努力を怠らないようにしましょう。

LOG 4
代替ルートと避難港の設定

　次に代替ルートと避難港の設定をします。この代替ルートというのは、車の渋滞時に使うような裏道ルートとちょっと意味合いが違い、風や波の状況によって、当初予定していたコースをとれないときなどに使うものです。すなわち、沖合のコースをとろうと思ったけれども風がきつく、風裏となる半島の影に沿って走るというようなケースのことを、代替ルートとして想定しているのです。

　代替ルートは、さまざまなシチュエーションに応じて、いくつかコースを設定しておくとよいでしょう。また、海況や天候が怪しそうなときは、最初から避難港に近いコースをとっておくというのも、大切なナビゲーションのスキルといえます。

　避難港というのは、風や波などの状況や現在時刻と到着予定時刻のずれなどによって、とても目的地までたどり着けない、またはこのまま航行すると危険が生じる場合などに、予定を変更して逃げ込むための港のことです。特定の港が避難港と決まっているわけでなく、自分のコース上にある適切な港を自分で避難港として設定しなければなりません。ここでも、出入りの難しい場所は避けて、できるだけ入港しやすい場所を選びましょう。港

当日の天候などによっては、コース変更を余儀なくされることがある。事前に代替ルートや避難港も検討しておこう

は近いところが安全とは限らないのです。

　特に波浪が打ち寄せるような場所は、風向きによって入港が不可能になってしまう場合があるので注意が必要です。また、入港してからも波の影響を十分に避けられるところを選びましょう。

　代替ルートや避難港に向かうコースに変更するかどうか、その決断をする場所をチェックポイントと呼びます。航海の途中には複数のチェックポイントを設定し、その時々の海況によって、避航するかしないかを判断をするタイミングを決めておきましょう。通常の場合、半島をかわしたり、外洋に出て海況が変わるポイントで、避航するかどうかを判断することになります。

LOG 5
艇と人間のパフォーマンス

　航海計画を立てるうえでは、自艇の力を知っておくことが絶対に必要です。「どのくらいの航続距離があるのか」、「どのくらいの海況まで耐えられるのか」、「長距離クルージングでは何人くらいまでの乗員が限界なのか」、「長距離を走っても心配ないコンディションなのか」、「巡航速度はどのくらいか」。こういうことを知らないと痛い目に遭います。

　「定員一杯まで乗り込んでクルージングに出たものの、シートからあぶれたゲストのいる場所がなく、

ナビゲーション大研究 COURSE2

濡れそぼりながらコックピットの隅っこでうずくまっていた」とか、「オーバーナイトで出かけたものの、バースのキャパシティーが足らず重ね着してデッキで寝た」なんていう例を数多く聞きます。

特に複数艇で行動するときは、必ず参加する艇や構成メンバーを把握しましょう。40フィートのディーゼル船内機艇と20フィートのガソリン船外機艇では、巡航速度や航続距離、耐航性などが違ってきますから、同じことをしろといっても無理があります。また、ビギナーがベテランと同じ難易度の高いコースを走るというのも荷が重いでしょう。このように参加する艇やメンバーの技量によって、目的地、言い換えると難易度のランクは当然ながら違ってくるのです。

また、航海計画は参加するメンバーによっても違ってきます。屈強なクルーばかりなら荒海の強行軍も可能ですが、海が初めての人や子供がいる場合は細心の注意を払いたいものです。最初に怖い思いをさせると、次の機会になかなか来てくれませんからね。家族の理解を得たいなら、徐々に慣れていってもらい、ケースバイケースで対応する。これがファミリークルージングの極意といえます。何事も無理は禁物です。

遠くまでクルージングに出かけるときは、必ず予備日を設定しておくことが重要です。海況の悪化で避航しなければならない事態を考えて、せめて一日は余裕を持ったスケジュールを立てましょう。「仕事が休めない」、「子供が学校に行かなければならない」など、翌日にどうしても外せない予定があったりすると、つい無理してしまうことにもつながります。忙しいボートオーナーにとっては難しい注文かもしれませんが、泊りがけでクルージングするときは天候の急変に備え、スケジュールに余裕のある行動をしてください。車の場合、天候が急変して予定が台無しになることはあっても、帰れなくなることはまず考えられませんが、ボートの場合、日帰りの航程ですら帰れなくなることがあるのです。

クルージングは、しっかりとした計画さえ立てれば決して難しいものではありません。未知の場所に訪れる。それもまたクルージングの楽しみです。

クルーの技量や経験も航海計画を立てるうえでの重要なファクターとなる。熟練のクルーと一緒なら、航行範囲も大きく広がる

航海計画を立てるにあたっては、ボートのパフォーマンスも考慮する必要がある。写真は筆者の愛艇〈TRITON Ⅲ〉（ウェルクラフト37コズメル）

航海計画の基本

ぜひ、数多くの航海計画を立てて、さまざまなゲレンデを訪れていただきたいものです。

ただし一度に遠くへ足を延ばすのではなく、少しずつ行動範囲を広げていきましょう。艇のパフォーマンス、自分のスキル、その両方をレベルアップするには時間がかかります。東京湾でいえばお台場周辺にしか行ったことがない人が、いきなり伊豆大島へ行こうと思っても、やはりそれは無理なことです。航海計画の方法、艇の操船、係留テクニック、トラブルが発生したときの対処法など、学ばねばならないことは山ほどあります。無理をせず、少しずつスキルを磨きながら、自分のゲレンデを広げていきましょう。

LOG 6
燃料消費量と所要時間

自艇の力を知るという話をしましたが、「自分のボートがどのくらいの波まで耐えられるのか」ということとともに、「どのくらい走れるのか」ということについても把握しておく必要があります。

たとえば、こんなケースがありました。30フィートのガソリン船内外機艇が進水式の日、嬉しさのあまり一日中走り回ったため、帰路にガス欠で漂流してしまったのです。かなり風が吹いて荒れるなか、BANと呼ばれるプレジャーボートを対象とした会員制救助システム(http:www.kairekyo.gr.jp/ban/)に救助を依頼して事なきを得たそうですが、場合によっては本当に遭難しかねないケースでした。

私自身、時化のなかを走っていて「今ここでエンジンが止まったら死ぬかも」と思ったことが何度かあります。エンジン故障で止まってしまうならまだ諦めもつきますが、ガス欠で止まってしまうなんていうのでは、悔やんでも悔やみきれません。これは明らかに人災ですからね。

「自分は絶対にガス欠なんて起さない」と慢心す

上：自艇のパフォーマンスを考えるうえで、燃料消費量は重要なファクターとなる。燃費性能を理解しておかないと、航行中、どれだけの航続距離があるのかを把握することができない。クルージングの途中に給油場所がない場合は、一般的にタンクの残量が全体の1/3まで減ったらそこが限界。残った1/3で出発場所に戻り、あとの1/3をアクシデントが起きたときの予備としてキープしておく

下：陸上と違って、海上にはガソリンスタンドがない。特に外洋へ出るときは、マリーナや漁港に立ち寄るたびに、給油の必要性をチェックしなければならない。航海計画を立てる際には、給油の可否も事前に確認することが重要である

ることのないようにしましょう。結構、ガス欠の事例って多いんですよ。飛行機と違って、ガス欠してもすぐ落ちるわけではないですが、燃料が足らないと思ったときほど心細いことはありません。

誰だって好き好んでガス欠を起こすわけはありません。大半のケースは、うっかり給油し忘れたとか、予定と違って遠出してしまったとか、海が急に荒れて予想以上に燃料を使ってしまったとか、メーターを信用したら不正確だった、などといった不注意によるものです。ボートの場合、メーターはあくまでも目安程度。姿勢が大きく変わる操船中のボートでは仕方ない面もありますが、メーターだ

ナビゲーション大研究 COURSE2

けを信用しては駄目なのです。

　愛艇と長くつき合っているうちに、だんだんと燃料の状態がわかってくるようになります。しかし、海上でギリギリのラインを読みきって帰ってきたとしても、決して誉められることではありません。燃料は、常に余裕を持って積み込みましょう。

　また、ボートの燃料消費量はその走り方によって大きく変わります。車だって高速道路を快適に走るときと、街中の渋滞を走るときで、大きく燃費が違ってきます。ボートだって同じなのです。凪の海であっても、スロットル全開で気持ちよく飛ばしすぎれば思った以上に燃料を消費するし、大きな波を乗り越えるのに加速や減速を繰り返すような状況で走り続ければ、当然、燃費はガタ落ちとなります。ボートの場合、プレーニングするまでの低速走行ではこういう傾向が顕著に表れるので、走る速度についても注意が必要です。

　海が荒れてくると、ひと波ひと波を乗り越えるのにパワーがいるため、頻繁にスロットルを操作を繰り返さなければなりません。行きはすんなり来れたのに、帰りは時化て延々と何時間もかかってしまうということは珍しくないのです。こうなってしまうと心細くなるのが燃料。ボートによっては、同じ距離を走るのに凪のときの1.5倍くらいの燃料が必要になることもあるので注意してください。

　愛艇の航続距離がどのくらいあるかということについては、絶対に把握しておく必要があります。そのうえで機会があるごとに必ず給油する。これが基本となります。

LOG 7
航路内のナビゲーション

　東京湾、伊勢湾、瀬戸内海など、狭い海面に多くの船舶が行き交うような場所には航路が設定されています。海上交通安全法が適用される海域は、全国で11個所。これらの航路が設定されている海域の近くを操船している場合は、十分に注意してください。

　航路は小回りのきかない大型の本船が、安全に航行できるように設定されています。航路内を航行するときは航路に沿って定められた方向に航行し、航路を横断する場合は、できるだけ直角に近い角度で速やかに航行しなければなりません。また、一部のエリアでは航路への出入りや横断が禁止されていたり、航行速度が制限されていたりするので注意が必要です。

　プレジャーボートの場合、安全上問題なければ大型船を避けて航路の外側を航行します。また、浦賀水道などの周辺エリアは起伏が激しい"カケアガリ"の地形となっているため、遊漁船やプレジャーボートがひしめき合っていることがあります。航行には十分注意しましょう。

　航路内では、大型船舶の航行の安全を確保するために、レーダー管制、水先案内人の乗船、超大型船や危険物搭載船の入出港予定の公開、タグボートによる先導など、その航行の安全を確保するために相当な努力が払われています。うっかり航路に入り込んで、海上交通安全法に違反することのないように操船しましょう。航路では、そのルールに従って航行してください。なにより航路の存在をはっきりと認識し、常に自船の位置を把握して航行することが重要です。

神奈川県三浦半島の観音崎にある東京湾海上交通センター（通称・東京マーチス）。東京湾内を航行する船舶の安全のため、管制業務や各種の情報提供を行っている

航海計画の基本

航路が設定されている場所は、その周辺が急斜面の地形となっていて、絶好の釣りのポイントになっていることが多い。このような場所では、週末になると数多くの漁船や遊漁船が群がっているので注意が必要だ

航路内には本船がひっきりなしに往来している。スピード制限を無視したり、進入禁止エリアに航路外から侵入したり、錨泊したり、航路を逆航するなどといった、無謀な操船は絶対に行ってはならない

海上交通安全法が適用される航路

東京湾
東京
千葉
川崎
横浜
中ノ瀬航路
木更津
横須賀
浦賀水道航路
館山

伊勢湾
四日市
蒲郡
津
鳥羽
伊良湖水道航路

瀬戸内海
下関
門司
広島
呉
水島
水島航路
宇高西航路
宇高東航路
備讃瀬戸東航路
来島海峡航路
小豆島
松山
備讃瀬戸北航路
備讃瀬戸南航路
明石 神戸
大阪
明石海峡航路
淡路島
和歌山

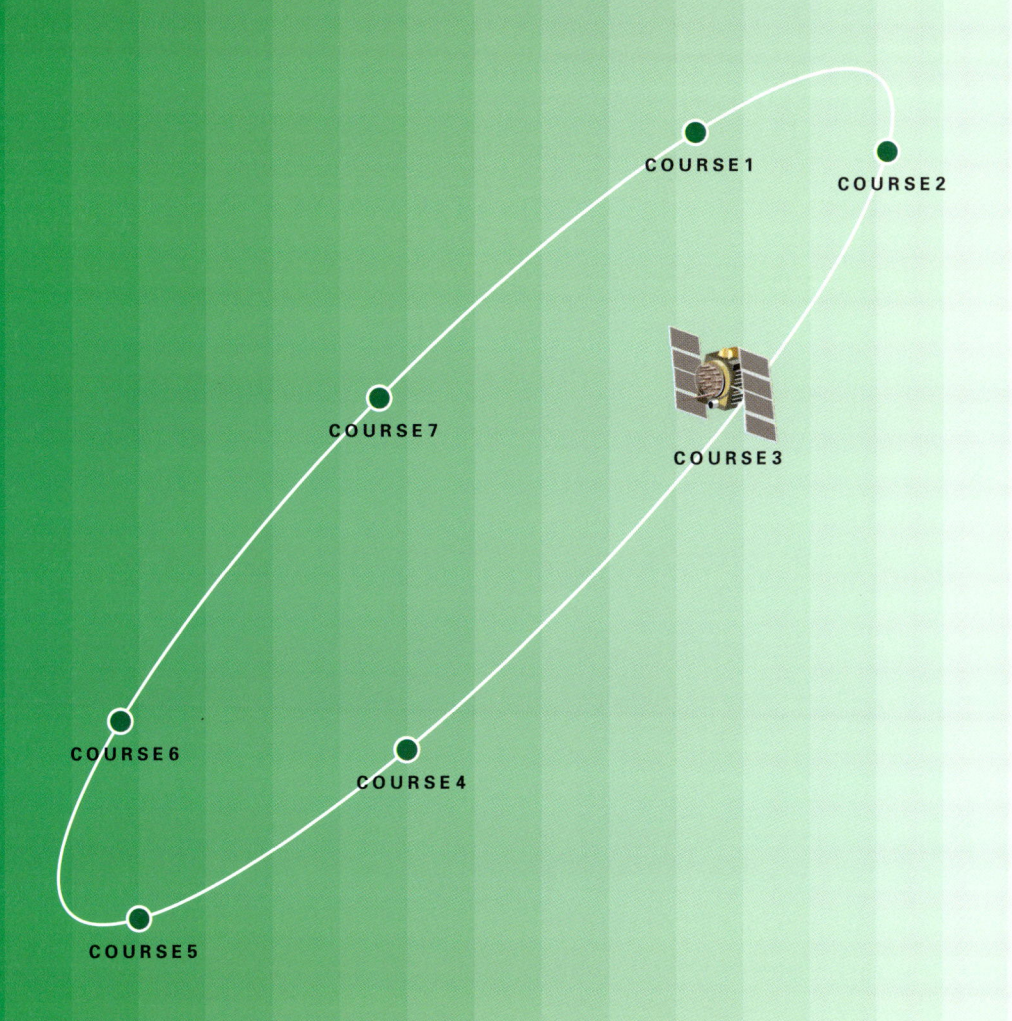

ナビゲーション大研究 COURSE3
プロッターの操作

GPSプロッターの基本的な使用方法

ほとんどのGPSプロッターには、単に自船の位置情報を知らせるだけでなく、表示エリアの拡大や縮小、画面の移動、マークの設定、航跡の表示や保存などといった機能が備わっている。これらの基本的な操作方法を理解することが、GPSプロッターを活用したナビゲーションの第一歩となる。

ナビゲーション大研究 COURSE3

LOG 1
GPSプロッターの設置

　GPSプロッターの設置は難しい作業ではありません。少しDIYの腕に覚えがあれば、自分だけでもできるはずです。基本的にGPSプロッターは、本体とアンテナ部分で構成されています。ハンディGPSのようにアンテナ部分が一体のタイプであれば、見やすい場所で電源をつなぐだけです。

　一方、アンテナ部分が別になっているタイプの場合は、ヘルムステーションの外側といったオープンスペースにアンテナを取り付けます。もし、GPSプロッター本体やアンテナ部分を固定するためにボートにビス穴を開ける場合には、その部分

LOG 1　GPSプロッターの設置例

1 GPSプロッターのアンテナを設置するにあたっては、周りに障害物がなく衛星の電波をキャッチしやすいところを選ぶ

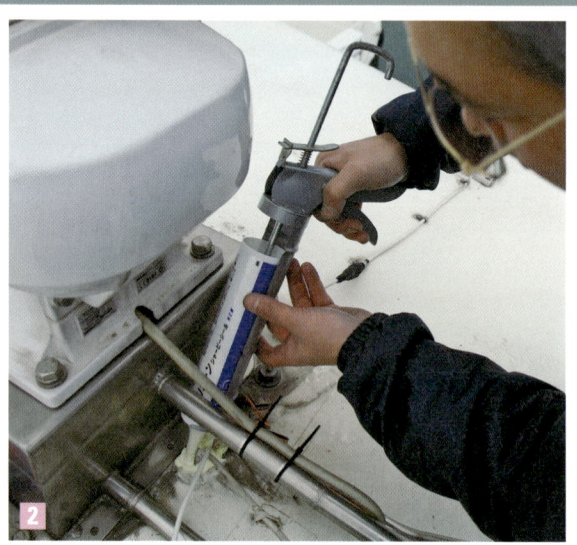

2 船外に取り付けたアンテナ線をフライブリッジの操縦席に引き込む。船内に水が漏れないように十分にコーキングしておく

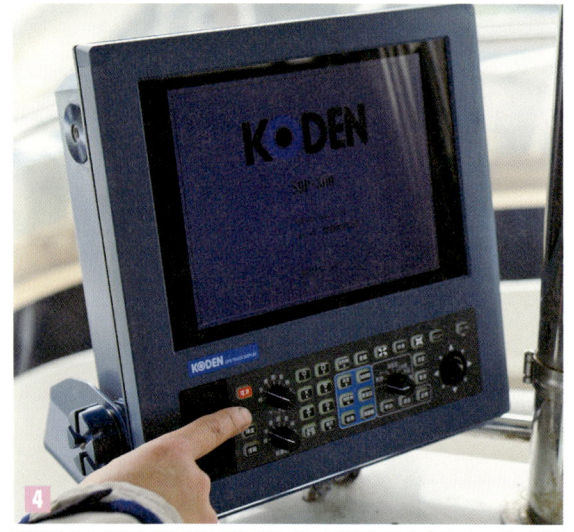

4 電源を入れると初期画面が表示される。最近のGPSプロッターは、特別な設定を必要としないで起動する

5 続いて、アルマナックと呼ばれる衛星の軌道情報の補捉を自動的に開始。古い機種では数分かかることもあるが、あせらずに待とう

プロッターの操作

にコーキングするのを忘れないようにしましょう。

GPSプロッター本体は、なるべく画面が真正面に見えるように設置するのがベストです。ところが、そこはコンパスの定位置になっていたりして、設置できないないことが少なくありません。コンソール部分に埋め込む場合や、左右にずらして設置する場合は、操船中でも表示画面が見やすいところに設置しましょう。

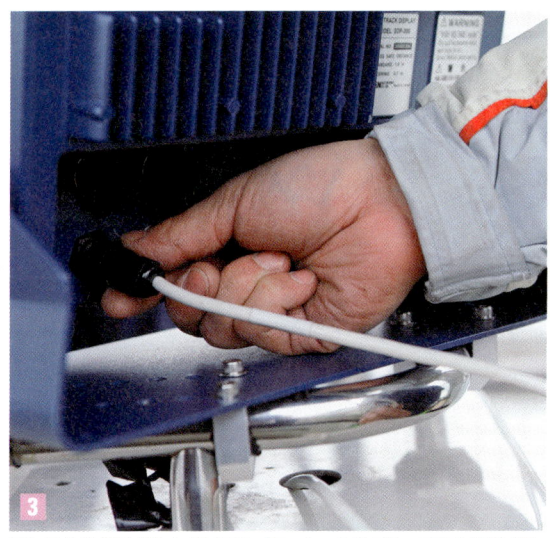

GPSプロッターを使うにあたっては、特別な調整や手順などは必要ありません。電源スイッチを押すだけで準備完了。実に簡単です。

最初に電源を入れたときには、アルマナックと呼ばれる全衛星の軌道情報の捕捉にしばらく時間がかかる場合があります。また、長期間使用しなかった場合も、アルマナック情報から衛星の位置を再計算しなければなりません。その際、衛星の位置を捕捉するのに多少の時間がかかることがありますが、「位置が出ない！故障か？」と慌てる必要はありません。

マリン用のGPSプロッターには、自動車のカーナビと違ってジャイロ機能（角速度センサーを使った自立航法機能）が装備されていません。これは自動車のように、トンネルやビルの谷間などの物陰に入って一時的に衛星の電波を捕捉できなくなるということが、ボートの場合にはないからです。ただし機種によっては、橋の下などで衛星の電波をロストするとブザーが鳴るようなものもあります。

GPSプロッターは全自動で衛星を捕捉することができますが、航行中にうまく自艇の位置が表示されないなどのトラブルがあった場合は、「アンテナの取り付け位置に邪魔なものがないか」、「コネクターの接続に緩みはないか」など、まずはアンテナの設置状況を疑ってみてください。

アンテナ線を引き込んだらGPSプロッター本体にケーブルを接続する。防水コネクターになっている場合は、締まり具合をよく確認する

LOG 2
プロッター画面と自船位置

GPSプロッターを見ると、まずは自船位置と周囲の地形を示す画面表示が目に入ります。自船位置は特定のシンボルで中心に表示されているため、現在どこにいるかが一目でわかります。GPSプロッターの登場以前は、こんな簡単なことを知るのにも、ものすごい苦労があったのです。

画面表示は、シンプルなものから、ブイ、航路、水深などの情報が詳細に記述されたものまで、さ

衛星を捕捉したら、自動的に初期画面が表示される。ちなみにこの機種では、画面左側に海底地形図の三次元情報が表示される

ナビゲーション大研究 COURSE3

まざまです。まずは自艇のGPSプロッターが、どのような内容の海図情報を搭載しているかを確認してください。この本では、(財)日本水路協会が発行する航海用電子参考図(ERC版海岸データ)および海底地形デジタルデータの海図情報が搭載された、私の愛用するGPSプロッター(光電製作所製SDP-300)を例に、GPSプロッターの基本的な機能と操作手順を解説していきます。

航海用電子参考図のデータが搭載されたGPSプロッターでは、海岸線、等深線(5m/10m/20m)、航路標識、航路、主要な水中障害物(暗岩など)、海底電力線などの情報が画面に表示されます。ただし、データが作成されたあとに変更された海図情報は、当然のことながらデータを更新しない限り表示されません。GPSプロッターを利用するときは、ただ画面表示を盲信するのではなく、情報が日々変化していくものであることを認識したうえで使ってください。

GPSプロッターの表示画面を見ると、周囲の地形、ブイ、水深などのさまざまなシンボルが並んでいます。シンボルの色や形はGPSプロッターによって多少違うことがありますが、いずれも直感的に理解できるものばかりです。しかしながら最初のうちは、基本的なシンボルがどのように表示されるかをマニュアルなどで確認しておきましょう。特にモノクロGPSプロッターの場合は色による識別ができなくなりますから、画面の読み取りにはより注意が必要です。

プロッター画面の周りには、自船の緯度・経度、縮尺、時刻、速度、針路、カーソルまでの方位や距離など、さまざまな情報が表示されます。いずれも航行するうえで、とても役に立つ情報ばかり。まず、その示している意味をしっかり覚えましょう。

LOG 3
拡大・縮小と画面の移動

細かいコース取りや入港時のアプローチ方法を検討するときには、「もっと詳しく見たい」とか、

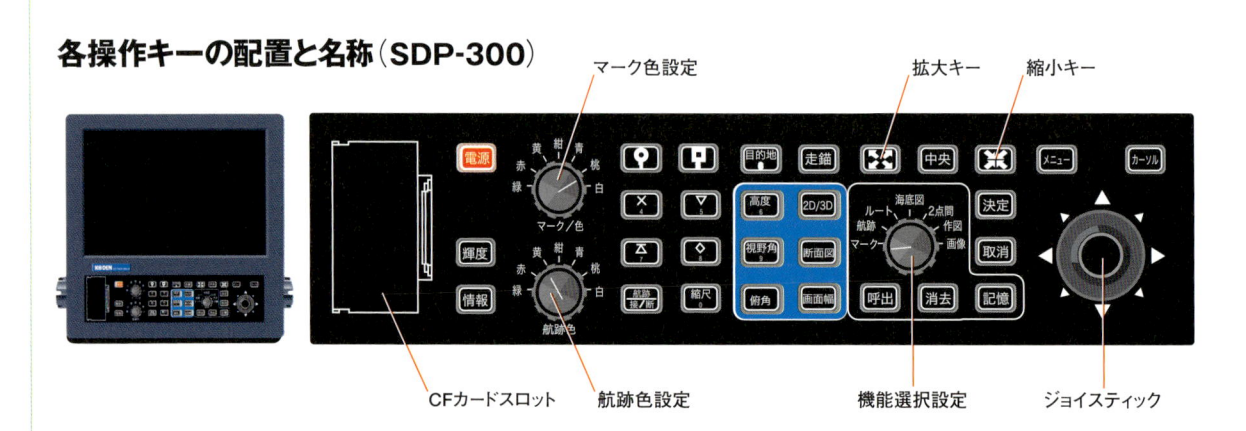

筆者が使用しているGPSプロッター。海図データに航海用電子参考図を使用し、正確で詳細な情報を画面上に表示させることができる

各操作キーの配置と名称(SDP-300)

マーク色設定　　拡大キー　縮小キー

CFカードスロット　航跡色設定　機能選択設定　ジョイスティック

プロッターの操作

LOG 3 表示の拡大・縮小

表示画面の一例（神奈川県三浦半島周辺）。入港場所などをより詳しく表示させたい場合は、拡大キーを望みの大きさになるまで押す

拡大キーを押して望みの大きさになった状態。このサイズまで拡大すると、ブイや防波堤など入港に必要な詳細情報が見えてくる

入港場所などといった特定エリアの詳細情報を見ている状態。もっと広いエリアを見たい場合は、必要な縮尺になるまで縮小キーを押す

縮小キーを押して、望みの範囲が見られるようになった状態。必要に応じて、小さすぎたら拡大キーを押し、大きすぎたら縮小キーを押す

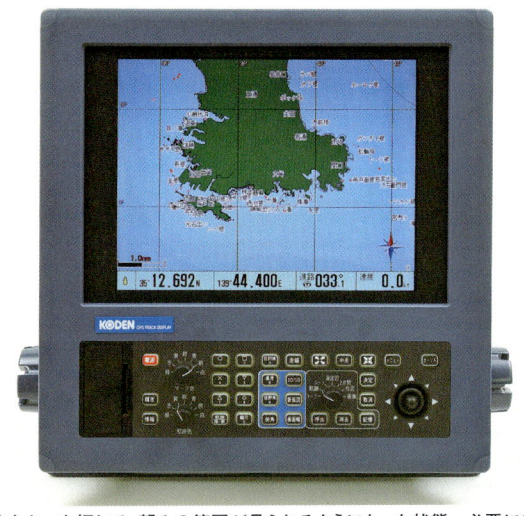

「もっと周辺の状況も見たい」と思うときがあります。こうした要望に応えてくれるのが、拡大・縮小機能です。

　GPSプロッターには、表示画面を段階的に拡大させたり縮小させるキー（操作ボタン）があります。このキーを押すことによって、あらかじめ決められた縮尺にGPSプロッターの画面表示を変更することができるのです。以前のGPSプロッターでは、描画が完了するまでに時間がかかってイライラすることもありましたが、最近のモデルは、演算スピードが向上し、瞬時といえるほど素早く表示できるようになりました。

　表示画面の拡大や縮小は、基本的に画面の中心を基準に行なわれます。このため画面を拡大する

ナビゲーション大研究 COURSE3

LOG 3 カーソルの操作

1 画面表示を移動させるためにカーソルキーを押す。自船マークがカーソルの表示に変わり、画面上部にカーソルの緯度・経度などが表示される

2 ジョイスティック（方向キー）でカーソルを目的とする場所まで移動させる。移動するにつれて自艇からの方位や距離が連続的に表示される

3 移動した画面を拡大して見たい場合は、その位置で拡大キーを押すと、特定エリアの詳細情報を確認することができる

4 表示を移動前の状態に戻す時は、カーソルキーを押してカーソルを消す。これだけで自船位置を中心とした元の縮尺の表示に自動的に復帰する

場合には、見たい部分を画面の中心にもっていってから拡大キーを押します。

　この機種の場合、画面表示を移動したいときは、ジョイスティックを操作することで海図や自船の表示位置を上下左右へ動かします。この際、カーソルキーを押して画面にカーソルを表示させると、目的のエリアの緯度・経度を画面上部に表示させることができます。

　カーソルを表示した状態で中央キーを押すと、カーソルの表示位置が画面中央に移動します。さらに、この状態で再びカーソルキーを押すと、カーソルが非表示となり、自船位置が画面の中央に移動します。

　これを基本に、たとえば航行中に前方のエリア

プロッターの操作

を確認したいときには、カーソルキーとともに拡大キー、縮小キー、中央キーを組み合わせて画面表示を操作します。まずはカーソルを表示させた状態にあるかを確認しましょう。もしカーソルが非表示になっていたら、カーソルキーを押します。

次に、必要があれば縮小キーを押して、エリア全体を見渡せるようにします。カーソルキーを見たい場所（この場合は前方のエリア）に移動して中央キーを押すと、見たい場所が画面の中心に表示されます。さらに必要があれば拡大キーを押して、表示画面を拡大しましょう。これによって確認したい前方のエリアを詳しくチェックすることが可能になります。

確認作業が終わり自船位置に戻りたいときは、再びカーソルキーを押します。これによって画面の中央にボートの現在位置が表示されます。

LOG 4
マークの表示とMOB

GPSプロッターでは、任意の地点に自分の好きなマークを表示することが可能です。注意を要する地点、入港時の目印、もしくは絶好の釣りポイントを見つけたときなどには、現在位置でマークキーを押したり、カーソルで位置を指定してマークキーを押すだけで、プロッターに位置情報が記憶されます。マークを使うと、さまざまな形のシンボル、名前、説明などをGPSプロッターに設定し、あとで検索することが可能となります。また、GPSプロッター付きの魚探では、海底の様子を見ながらマークを打つといった使い方もできます。

GPSプロッターには、特定のキーを押してからその後にマークの種類を指定したり、プリセットされた色々な種類のマークからキーを選ぶなど、機種によってさまざまなタイプのものがあります。自分なりに、どういう場所にはどういうマークを入力すべきか決めておくとよいでしょう。

MOBキー（この機種では走錨キー）を押すと、その地点が自動的にマークとして記憶され、マークの位置や、マークまでの方位、距離が表示される

MOBキーは、乗員の落水など、瞬間的にその位置を記憶させる必要があるときに役に立つ。この機能を使えば、広い海の中でも間違いなくその地点に戻れるため、救助の確率がぐっと上がる。また、プレジャーボートのアンカリング時にマークを記憶させておくと、潮流の影響でボートが流されているかどうかを容易に確認できるなど、さまざまな場面での利用が考えられる

たとえば、コース上の針路を変更する変針点は緑、釣りの実績ポイントは青、海苔網のような海図に表示されていない障害物がある危険個所は赤といったようにマークを設定しておくと、画面を見たときにそれぞれのマークの意味をより把握しやすくなります。

特に危険個所にマークを打っておくことは、安全面からみても非常に役に立ちます。海上では注意力が思いのほか低下するものです。私自身「水の上は7割頭」と考えています。水の上でトラブルに

ナビゲーション大研究 COURSE3

LOG 4 マークの設定

1 GPSプロッターでは、任意の地点にマークを設定することができる。自船位置のマークやカーソル位置のマークなど用途に合わせて使い分けよう

2 任意の位置にマークを設定するときは、まず最初にカーソルキーを押してカーソルを表示し、マークを設定したい地点まで移動する

5 同じ要領で×の形のマークキーを押せば、×形のマークを設定することができる

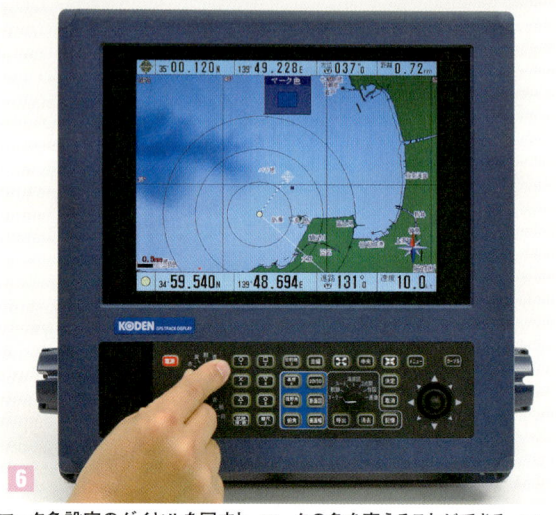

6 マーク色設定のダイヤルを回すと、マークの色を変えることができる。マークは用途によって色や形を使い分けよう

巻き込まれ、そのときは解決方法がどうしてもわからなかったのに、マリーナに戻ってきて落ち着いたら、すぐに解決方法を思いついたなんてことも少なくないからです。「転ばぬ先の杖」ではありませんが、マークを設定するだけで危険回避できる場合もあります。GPSプロッター上に表示されないような障害物を見つけたら、必ずマークを入力するように心がけましょう。

　このマークの応用機能として、MOBキーというものがあります。MOBはMan Overboardの略称で、クルーやゲストが艇外に落水したことを意味します。落水時にMOBキーを押すと、瞬時にマークと同じようにその位置が記憶されるだけでなく、その地点までの方位や距離が画面に表示され続け

プロッターの操作

3 カーソルを移動したら、6個あるマークキーのうち好きな形状のものを押す。ここでは逆三角形のマークを設定した

4 マークを選択すると、マークの形状、番号、位置の情報が画面に表示される。それぞれのマークにコメントなどを入力することも可能だ

7 色を青色に変えてから、×のマークキーを押した状態。この機種の場合、緑、赤、黄、紺、青、桃、白の7色から選べる

8 さまざまな色や形のマークを設定し、情報を増やしていくことで、自分だけのGPSプロッターを作り上げることができる

ます。これによって、落水地点までボートを戻すことが容易になるのです。

　大型船やセーリングヨットの場合、落水者がでたとしても、すぐにグルッと戻ることができません。このため、落水位置をGPSプロッターに記憶させておくのです。プレジャーボートの場合は比較的早く落水場所まで戻ることができますが、それでもちょっと波が高くなると、波間に浮かぶ人の姿を見つけるのが困難になります。私自身もフェンダーを落として、グルッと戻るあいだに見失ってしまったことがありました。目標のない海上で場所を特定するのは難しいので、いざというとき、GPSプロッターにはこういった機能があるということを必ず覚えておいてください。

ナビゲーション大研究 COURSE3

LOG 5
プロッターに航跡を残す

　GPSプロッターのもうひとつ大きな機能として、航跡を残すというというものがあります。自分が走った航路をデータとして残すというのは、よき思い出となるのはもちろん、誰かの後ろについて初めての港に入港したときや、複雑に入り組んだ定置網や航路の道筋などを案内してもらったときなどにとても役立ちます。記録した航跡をもとに帰りのコースを設定したり、再びその場所を訪れるときにその航跡をたどれば、安全に走ることができるからです。

　また、慣れ親しんだ水域であっても、花火大会などで夜間航行するような場合には、日中に十分安

LOG 5 航跡の保存と設定

1 出入りの難しい港へのアプローチなどは、後々、見返したいことがある。そんな時は、航跡を残しておくと非常に役立つ

2 航跡を残す場合は、航跡キーを押す。キーを押すと、画面上部に「航跡記録を開始します」というメッセージが表示される

5 最初は白で表示されていた航跡が、航跡色設定を変更したら赤く表示されるようになった

6 今度は航跡の色を緑に変更した。危険地帯は赤、安全なコースは緑など、用途によって使い分けることが可能となっている

プロッターの操作

全なコースを取って航跡を残し、帰りにその航跡を辿って戻ってくるとよいでしょう。こうすることによって、漁網や流木の群れなどの危険な障害物を避けることができるからです。つい数時間前に、自分の目で偵察した最新情報ですから、これを使わない手はありません。ただし、夜間の航行は大きなリスクを伴います。GPSプロッターにはこんな使い方もあるという程度の理解にとどめ、初心者は必ず日中に航行するよう心がけましょう。

航跡データを残す操作は、非常に簡単です。GPSプロッターの航跡（接／断）キーを押すだけ。押した瞬間から航跡記録が開始されて、あとはもう一度航跡キーを押すまでのあいだ、ずっと航跡データが記録され続けます。

3 自艇が進むにつれて、画面に航跡が表示されていく。マーク同様、航跡の色も自由に変えることができる

4 航跡色設定のダイヤルを回すと指定した色が表示され、以後、その色で航跡が記録されようになる

7 マーク色設定と同様、この機種では、緑、赤、黄、紺、青、桃、白の7色から航跡色を選ぶことができる

8 航跡記録を終了するときは、もう一度、航跡キーを押す。さらにもう一度、航跡キーを押すと、再び航跡が記録されることになる

ナビゲーション大研究 COURSE3

　カラー表示ができるGPSプロッターの場合、航跡をさまざまな色で表示することができるので、用途によって使い分けてください。たとえば安全なコースなら青、ショートカットできるものの天候が荒れているときは使わないほうがいいコースは赤、ほかの誰かに案内してもらったときのコースは黄色など、使いやすい方法を色々と工夫してみてください。

　航跡データを記録するうえでの注意点として、残せる航跡のデータ量には限度があるということも理解しておきましょう。メモリーには決められた容量があるので、むやみにデータを保存し続けていると、すぐに一杯になってしまいます。機種によっては古いデータから消えていくという仕様になっ

LOG 5　航跡データの活用例

1 航跡データの活用例。ここでは経験豊富な船長の後ろをついていき、初めての港に入港したときのコースを黄色で残したとする

2 これによって、安全な入港コースの航跡を残すことができた。これらの航跡データを保存しておけば、大切な財産となる

3 帰路、今度は航跡色を変えて（この場合は桃色）、保存した航跡を参考にしながら自分なりのコースを操船する

4 自分が選んだコースと他船の選んだコースを比較すれば、ナビゲーションの勉強にもなる。色が違えば混乱することはない

プロッターの操作

ているので、「せっかくの航跡がいつの間にやら消えていた！」という悲劇が起こらないようにしなければなりません。

また、狭い範囲であまり航跡を残しすぎると全体が見にくくなり、結果的にどれがどのコースかわからないといったことが起こる場合もあります。何事も「過ぎたるは及ばざるが如し」です。

航跡データは任意の範囲で消すことができますが、操作を誤るとデータを全部消してしまう可能性があります。いったん航跡データを残したら、そのたびにコースとして保存しておくこと、不要な場所では航跡データを記録しないことなどの工夫が必要です。「ここぞ」というときに絞って、航跡を残すようにしましょう。

LOG 5　航跡データの消去

1 残した航跡は、個別に保存したり消去することができる。ここでは一例として、特定色を消去する手順を紹介する

2 航跡の保存や消去する場合は、機能選択設定のダイヤルを航跡にセットする。この状態で消去キーを押すと航跡を消去できる

3 この機種の場合、特定の航跡だけを消去することも可能。ジョイスティックで特定色（ここでは赤）を選択し、決定キーを押す

4 これによって、特定色（ここでは赤）の航跡がすべて消去される。いったん消去されたデータは元に戻らないので慎重に行う必要がある

ナビゲーション大研究 COURSE3

LOG 6
プロッターの作図機能

　GPSプロッターには、画面上に作図する機能があります。この機能を使うと、画面上に定置網や危険水域を表す枠を表示したり、いろいろな解説を書き込むことができます。

　作図機能を利用して、自分のゲレンデにある航行上の障害物を囲って表示すれば、その場所に入り込むこともなく安心です。具体的には、浅瀬、暗岩、定置網、刺し網、海苔網、遊漁船の密集海域などが、航行上支障になるといえるでしょう。また、航路などはプロッター上に表示されていますが、縮尺を大きくしていくと消えてしまいます。知らず

LOG 6　作図機能の活用例

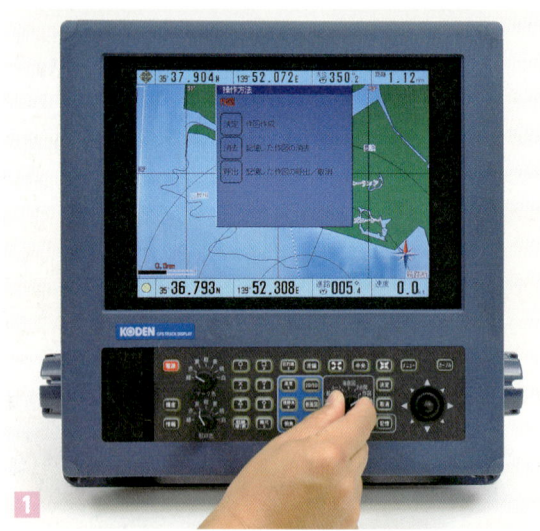

1 ここでは、浅瀬などの危険エリアを画面上に作図する手順を紹介する。まずは、機能選択設定のダイヤルを作図にセットして決定キーを押す

2 書き込む枠線の色は、マーク色設定ダイヤルを使って、自由に設定することができる。ここでは赤色で危険エリアを枠で囲む

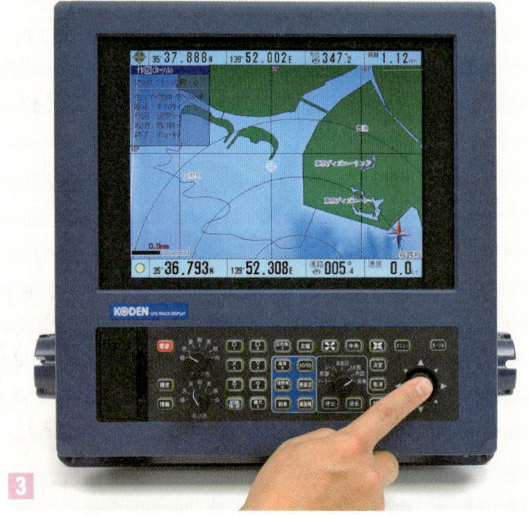

3 カーソルを望みの位置まで移動し、決定キーを押す。この動作を繰り返し、望みの図形を画面に書き込んでいく

4 作図が終わったら、メニューキーを押すとその情報が記憶される。作図情報は必要に応じて表示・非表示させたり、消去することができる

プロッターの操作

に入り込むことのないように、航路の隅にちょっとしたマークを書いておくとよいでしょう。

作図は、GPSプロッターを機能選択設定のダイヤルを作図に設定して行います。カーソルを操作して、図形の始点・終点を順に指定しましょう。カラー表示ができるGPSプロッターの場合、さまざまな色を使えるのはそのほかの機能と同じです。

予定コースや実際の航跡、さまざまなマークなどのデータを書き込んだGPSプロッターは、自分だけの宝物です。ボートを乗り換えるとき、古いと思っていても手放すことができず、GPSプロッターだけは新しい艇に持っていきたくなるほどです。ボートライフにとって、こんな貴重なものも少ないかもしれません。ぜひ、オリジナルのGPSプロッターを作り上げていってください。

LOG 7
プロッターの表示特性

GPSというのは現在位置を割り出すだけものなので、本来、方向を測ることはできません。しかしプレジャーボート用のGPSプロッターでは、船首線が表示されて艇の向かっている方向を示すことができます。いったい、どういう仕組みなのでしょうか？

実は、単位時間あたりの移動した位置情報からボートの動いた方向を算出し、それをもとにボート

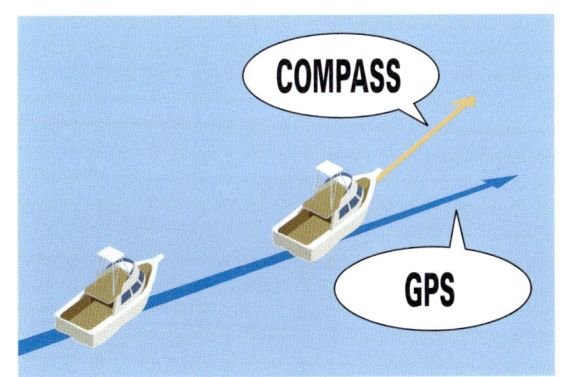

2ノットの逆潮がある場合、実際にボートが22ノットで走っていても、GPSプロッターには20ノットと艇速が表示される

の向きを表示しているのです。逆の見方をすれば、ボートが移動していないと、どちらの方向を向いているかわからないということになります。

ちょっと古い機種だと、停泊中、その測位誤差によって船首線があっちを向いたりこっちを向いたりすることがあります。最新の機種ではかなり改善されて、船首線が「踊る」ようなことは少なくなっていますが、基本的な仕組みは同じです。同様の理由で、極低速の状態でボートが進んでいる場合も、船首線の向きが定まりにくいので注意してください。

GPSプロッターは移動した方向をもとに船首線を計算するため、実際に舵をとって進んでいる方向よりもワンテンポ遅れてボートの針路方向が表示されます。したがって、船首線だけに頼って操船すると、艇の動きがフラフラと蛇行しがちです。GPSプロッターの画面に表示される針路の方位には、このような特性があるので、いったん方向が決まったあとの針路の保持やコースの変更は、GPSプロッターよりもコンパスを使ったほうがやりやすいケースが少なくありません。

こういった弱点を改善するため、GPSプロッターのなかには、オプションで磁気コンパスを接続できるものや、GPSのアンテナを2つ持ち、その位相差をもとに方向が算出できるGPSコンパスを接続できるものがあります。追加の費用はかかりま

GPSプロッターの表示する方向は移動したベクトルをもとに算出されるので、風や潮流の影響で実際の船首方向と異なる場合がある

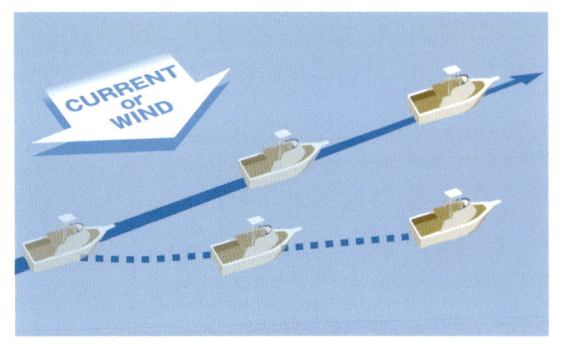

ナビゲーション大研究 COURSE3

船首線を目的地の方位に向けて走っていても、横風や潮流の影響によって、真っ直ぐ走れていないことがあるので注意が必要だ

すが、検討してみる価値はあると思います。

もうひとつGPSプロッターで注意しておかなければならないのが、速度の表示です。GPSは衛星からの電波を受けて地球上の絶対的な位置を把握し、その単位時間あたりの移動量を速度としています。このため、海流や潮流の影響を受ける海の上で、実際にどのくらいの速度で進んでいるかということはわからないのです。

ボートは、常に潮汐や潮流、風などの影響を受けながら走っています。たとえば、真っ直ぐに進んでいるつもりでも、強い横風を受けて実際には横に流されながら斜めに進んでいる場合があります。また、実際には20ノットで走っているものの、潮流の関係で表示画面では18ノットしか出ていなかったり、逆に潮流の影響で22ノット出ていたりということが起こります。特にセーリングヨットの場合は、横流れの影響による設定コースからのずれを常に意識しておかなければなりません。

航行速度の速いパワーボートでも、横流れに注意を払う必要があります。たとえばウェイポイントを結んだコースのすぐ脇に浅瀬などがあるようなときは、GPSプロッターのウェイポイントに船首を向けていても、少し横に流されただけで危険な水域に入り込んでしまうかもしれません。こうしたGPSプロッターのクセを理解しないと、思わぬアクシデントに遭遇する可能性があることを理解しておいてください。

LOG 8
プロッターの初期設定

GPSプロッターでは、いくつか事前の設定が必要となります。

まずは、測地座標系の確認です。現在、海図などで使用される測地座標系は、世界測地系に統一されていますが、2002年に変更されるまでは、東京天文台跡（東京都港区麻布台）を原点とした日本独自の座標系（日本測地系）を採用していました。両者の位置のずれは東京周辺で数百メートルほどなのですが、場所によってはこの誤差が座礁などの原因となる可能性もあります。最新の機種であれば、出荷時に世界測地系に設定されていると思いますが、旧型の機種で、もしもGPSプロッターの測位座標系が日本測地系になっていたら、世界測地系に変更しておきましょう。測地系が異なっているのに気づかず、うっかり緯度・経度を海図上に転記してしまうと、危険水域に入り込んでしまうこともあるからです。

もうひとつ設定で確認しておきたいのが、方位、

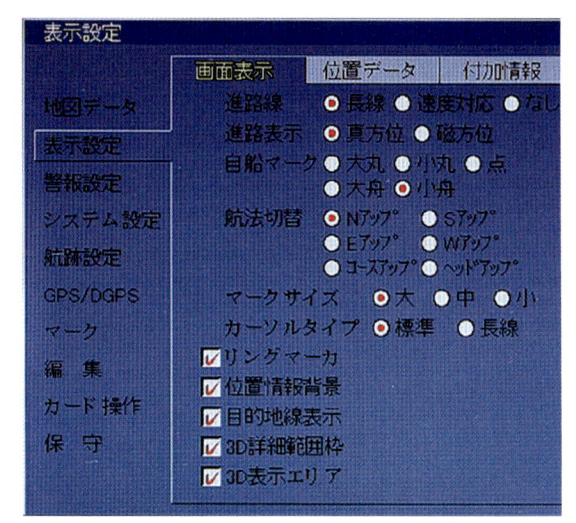

GPSプロッターの初期設定画面。この画面では、針路表示を「真方位とするのか、それとも磁針方位とするのか」、画面の表示を「常に北が上になるようにするのか（海図の向きは一定に保たれる）、それとも常に船の進行方向が画面の上にくるようにするのか（船の向きが一定に保たれる）」などの設定を行うことができる

プロッターの操作

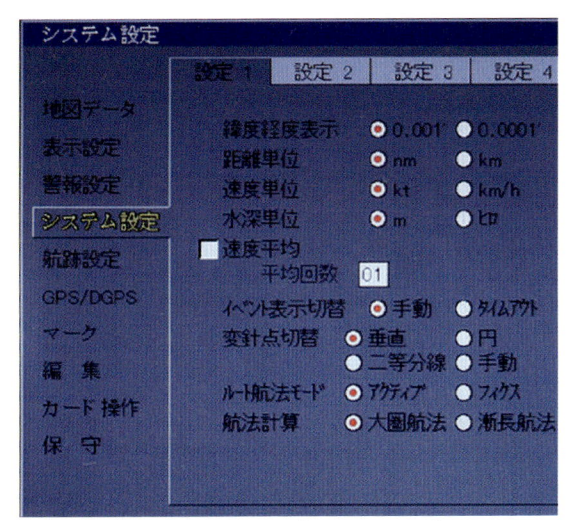

この画面では、距離の表示単位を「キロメートルにするか、ノーティカルマイル（海浬）にするのか」、速度の表示単位は「キロメートル／時なのか、ノット／時なのか」などの設定をすることができる。日本人には馴染みにくいかもしれないが、海のナビゲーションにおいては、マイルとノットを使うことをお勧めする

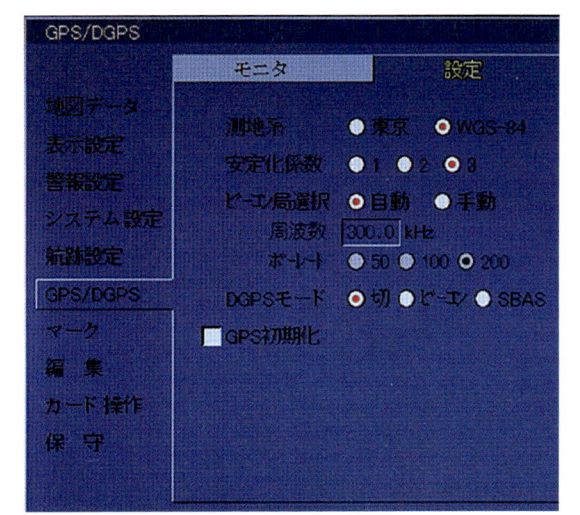

この画面では、測地座標系を「日本測地系なのか、世界測地系にするのか」などの設定を切り替えることができる。現在販売されている海図は世界測地系を採用しているので、よほどの理由がないかぎり、GPSプロッターも世界測地系に設定しなければならない。プロッターを入手したら、設定状態を確認しておこう

　距離、速度の表示方法です。方位は単位時間あたりの移動量をもとに計算しているという話をしましたが、この方位の表示が真方位なのか、磁針方位なのかによって、その取り扱い方法は大きく異なります。たとえば「××岬に向かうには350度で向かえばよい。左にずれると定置網があるから気をつけてね」という会話だけでは、350度が真方位なのか磁針方位なのかがわかりません。偏差がわずかなものであっても、時と場合によってはその影響を無視できないことがあります。GPSプロッターの方位が真方位なのか磁針方位なのかを、混同して話しているケースもよく見かけるので、まずは自分がどちらを使うのかということを決めて、設定を合わせておいてください。

　同様に距離と速度も、「ノーティカルマイル（海浬）単位にするのか、キロメートル単位にするのか」、「毎時何ノットとするのか、毎時何キロメートルにするのか」というように、表示単位をGPSプロッターに設定してください。私としては、ボートの世界ではマイルとノットの使用をお勧めします。初めのうちはとっつきにくいかもしれませんが、そもそも海図がすべてこれを基本に作られていますし、周りの先輩なども、皆さんマイルとノットを使っていますからね。こちらのほうが何かと考えやすいのです。今後のボートライフにおいても、マイルやノットに慣れ親しんでおいたほうが得るものが多いと思います。

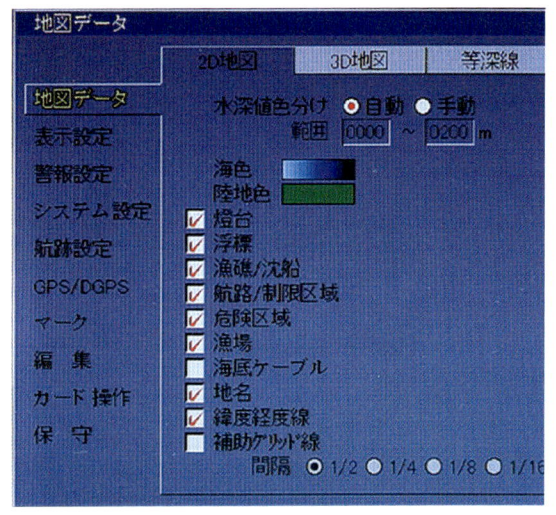

この画面では、表示する項目が設定できる。表示情報が多すぎるとかえって見にくくなる場合もあるので、プロッターの使用目的に合わせてカスタマイズする

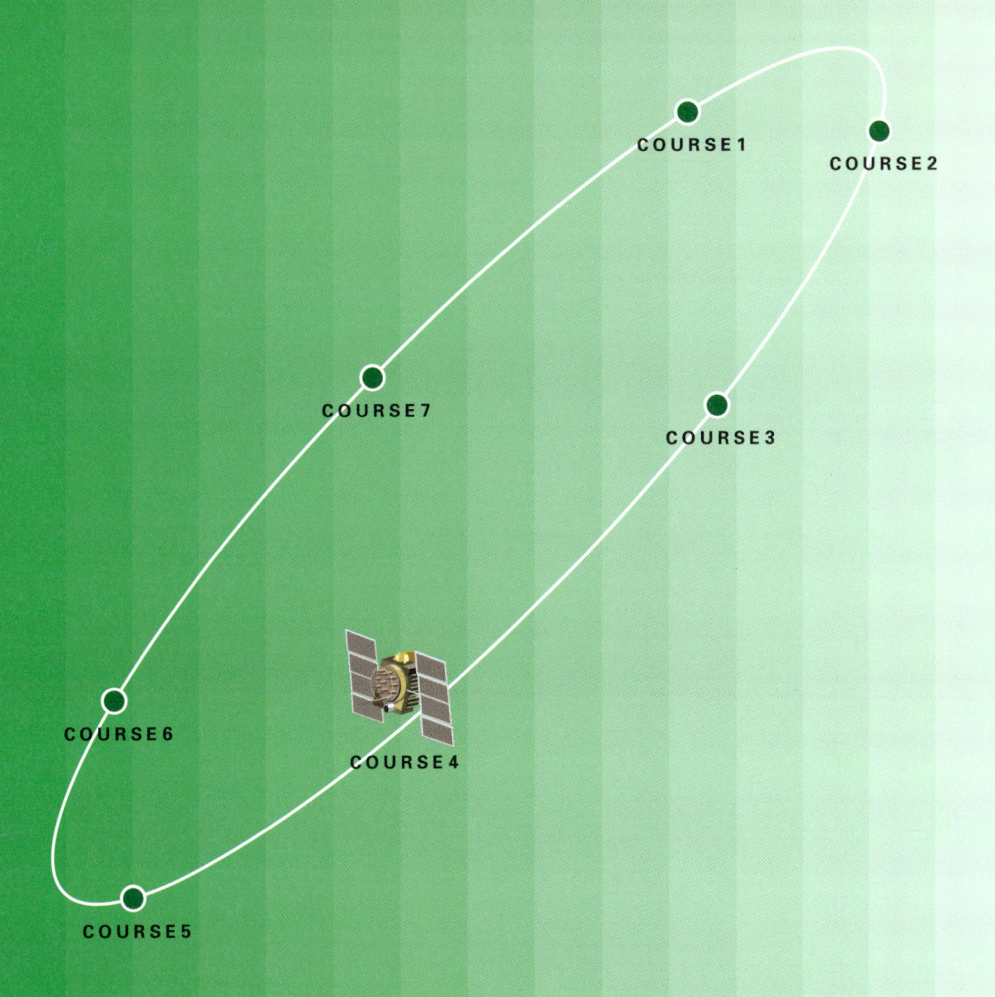

ナビゲーション大研究 COURSE4
プロッターの運用

目的地までのコースを安全に航行する

多くのGPSプロッターには、予定コースを設定し、そのコースライン上を航行する機能が備わっている。現在の艇速から目的地までの到着時間を表示したり、予定コースからどのくらい離れた位置にいるかを把握することによって、より安全にクルージングを楽しむことが可能となる。

ナビゲーション大研究 COURSE4

LOG 1
目的地とコースラインの設定

　GPSプロッター上に目的地を表示するにあたっては、拡大キー、縮小キーを使って画面表示を変更し、カーソルを目的地まで移動したり、目的地の緯度・経度を数値で入力するなど、さまざまな方法があります。ここでは、カーソルを使った目的地の設定方法について、その手順をみていくことにしましょう。

　一般的に目的地は、港の防波堤などといった海岸線付近に設定されています。目的地を決定した

LOG 1　目的地の設定

1　目的地を設定する方法はいくつかあるが、ここでは、カーソルを移動して目的地を設定する手順についてみていくことにする

2　まず、カーソルキーを押して画面上にカーソルを表示する。キーを押すと、画面上部にカーソルの位置、自船からの方位と距離が表示される

5　拡大キーを押して目的地周辺を詳しく表示させ、目的地の周囲に障害物がないかをチェックする

6　設定した場所に問題がある場合は、カーソルを移動して目的地の位置を調整する。問題がなければ目的地キーを押して、目的地を確定する

プロッターの運用

らカーソルを表示させ、ジョイスティックを使ってその目的地までカーソルを移動します。必要に応じて目的地周辺を拡大し、問題なければ決定キーを押すだけで、目的地の設定は完了です。

しかしながら、いつも直線コースで目的地にたどり着けるとは限りません。目的地の途中に障害物がある場合は、ウェイポイントを設定しましょう。ウェイポイントとは、航行で重要となる変針点や長い距離を走る場合の中間地点を意味します。たとえば、岬の向こう側にある港に行くとしましょう。この場合、直進すると岬にぶつかるので、十分に岬をかわせる沖まで出てから、方向を変えて港に向

3 ジョイステックを使って、目的地として設定する場所にカーソルを移動する。画面を見ると、目的地まで方位315.3度、距離10.0マイルとなっている

4 拡大キー、縮小キー、中央キーのいずれかを押すと、カーソルの位置が画面の中央に移動する

7 さらに決定キーを押すと目的地が登録されて、自船情報（画面下）、カーソル情報（画面上）のほかに、旗マークの付いた目的地情報が表示される

8 再びカーソルキーを押すと、カーソルおよびカーソル情報の表示は消えるが、緯度・経度、方位や距離といった目的地情報は常に画面上で確認できる

ナビゲーション大研究 COURSE4

LOG 1　ウエイポイントの設定

1 各ウェイポイントの緯度・経度を割り出す。ディバイダーを使って、緯線や経線からの距離を測り、目盛り部分に平行移動させて、数字を読み取る

2 海図上から読み取った緯度・経度の数値は、各ウェイポイントの横に鉛筆で記入しておく。この数値をもとに、GPSプロッターにマークを設定する

5 マーク色設定のダイヤルを回して、指定の色を割りあてる。ここではウェイポイントのマークを緑にした

6 この機種の場合、ジョイスティックを上下左右に動かすことで緯度・経度の数値を設定することができる

かいますよね。この変針点のような場所をウェイポイントというわけです。

　航海用海図で予定コースを立てる段階で、ウェイポイントをどこにするか検討します。ウェイポイントを設定するにあたっては、障害物に近くなりすぎないように注意してください。できれば、1マイルぐらい離れた場所に設定すると安心です。もちろん、ウェイポイントまでの途中に障害物があるような場所は設定できません。

　航海用海図でウェイポイントを設定したら、三角定規とディバイダーを使って、緯度・経度を測ります。それらの数値をもとに、GPSプロッターにマ

プロッターの運用

3 ウェイポイントのような任意の場所をマークとして設定する場合は、最初に機能選択設定のダイヤルをマークに合わせる

4 記憶キーを押すと、マーク記憶の設定画面が表示される。この機種では、マーク番号、色、形状、コメント、位置情報を設定することができる

7 各種の設定が完了したら決定キーを押す。これによって画面上に新たなマークが表示される

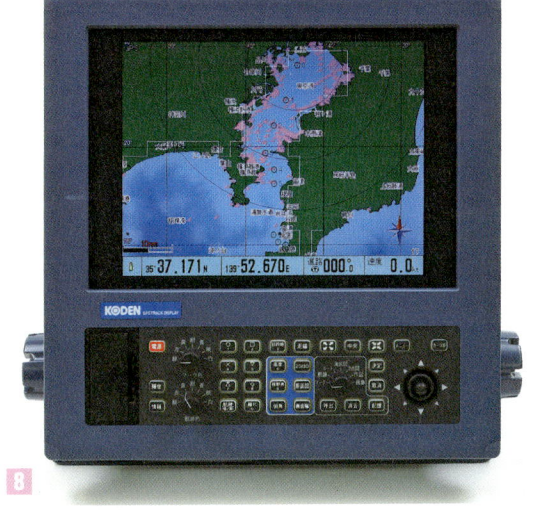

8 この手順をくり返して順次ウェイポイントを入力していく。この写真では、東京湾奥から館山港までのウェイポイントがマークとして表示されている

ークの位置情報を入力しましょう。こうすることによって、変針点などの位置を正確に画面表示させることができます。

　目的地までのウェイポイントをマークとして設定し、さらにそれぞれのマークをつないでいくと、予定コースが完成します。このように、出発点から目的地までのあいだにいくつかの変針点を設置した通り道を、一般にルートと呼んでいます。

　目的地までのルートができたら、全体のコースを見渡してみます。そのうえで設定したコースが、航路や浅瀬などといった危険な水域にかかっていないかを改めて確認しましょう。細かな記号など

57

ナビゲーション大研究 COURSE4

LOG 1 ルートの設定

1 ウェイポイントとして設定したマークを結んで、ルートを作る。まず機能選択設定のダイヤルをルートに合わせ、決定キーを押す

2 ルート作成にはカーソルの移動による設定と数値入力の設定がある。ここではウェイポイントの番号を数値で入力してルートを作成する

4 この手順をくり返し、ウェイポイントとウェイポイントをつないだルートを順に作成していく。この段階ではマーク番号が3番までつながれている

5 さらにウェイポイントをつなぎ、ルートを完成させる。このあと、ルート番号を決定し、必要とあればコメントを加えておく

の表示が省略されない程度の縮尺にして、出発点から目的地までをたどっていきます。この確認作業によって、設定し忘れていたウェイポイントなどが見つかることもあります。ひとつひとつのウェイポイントは問題なくても、それをつないでみると問題が見つかるケースがあるのです。

コースの途中に問題点があれば、新たなウェイポイントを追加したり、設定したコースを移動したり、コースを削除したりします。十分に吟味して、安全なコースを完成させましょう。こうしてできたコースを見ると、ウェイポイントの一覧や走行距離が一目でわかります。さらに所要時間、出発しなければならない時刻、燃料補給の必要性などを検討しましょう。

プロッターの運用

ルート作成（変針点登録）の表示に従い、ジョイスティックを使ってウェイポイントとして登録したマーク番号を指定していく

ルートに使用するコメントは、目的地の地名などを活用して識別しやすくしておく。この機種の場合、ジョイステックを操作してコメントを入力する

LOG 2
チェックポイントと代替ルート

コースの設定作業が完了したら、次にチェックポイントを設定します。先にも述べたように、このチェックポイントというのは、海況が急に変わるかもしれない地点など、この先の航行を続けるかどうかを判断すべき場所のことをいいます。

強い北風が吹いているなか、北側に半島があったり、南側に開けた湾奥を航行しているようなとき、それまでは何の支障もなく走れたのに、「岬をかわして開けた海域に出たら、海峡が一変した」とか、「湾奥から沖合に出てきたら、段々と波浪が高くなってきた。今は追い波だから楽だが、帰りがしんどそうだ」というように状況が大きく変わることがあります。実際のクルージングにおいては、先に進む前に状況判断しなければなりませんが、こういう状況では忙しい操船となりがちです。

そこで状況判断を行うタイミングを逃さないように、予定コース上にいくつかのチェックポイントを設定しておきましょう。実際には、コースと海図を見比べながら、上記の条件に当てはまるような場所に、GPSプロッターでなんらかのマークを設定します。その際には、できれば近くに避航する港のあるポイントを選びましょう。

私がゲレンデとしている東京湾周辺を例にとると、たとえば湾奥から湾口へ向かったとき、南寄りの風が吹きやすい春から夏場にかけては、富津岬と観音埼を結ぶ線の手前と向こうで海況が異なることがあります。さらに金谷を越えると、外洋のうねりの影響を受けるので、このあたりで一度状況を判断する必要があります。また、館山沖まで行けば、そのまま外洋に出て行ってもよいかどうか判断できます。GPSプロッターには、第一海堡の周辺、金谷沖、館山沖がチェックポイントとなるように、それぞれマークを設定しておきましょう。

チェックポイントを設定するときには、代替ルートや避難港も検討しておきます。東京湾であれば、東の風が強い場合は房総半島側を走ったほうが楽ですし、北西の風が強い場合は三浦半島側を走ったほうが楽になります。こうした代替ルートをGPSプロッターに登録しておくと、臨機応変にコースを変更することができます。出発点と目的地を同じにした別コースを事前に設定しておきまし

ナビゲーション大研究 COURSE4

ルート上で海況が変わるであろう地点には、チェックポイントを設定しておく。当日の天候や海の状況に合わせて、その先のコースを判断する

LOG 3
コースライン上を航行する

　設定したコース通りに走るときは、基本的にウェイポイントを目指して針路を合わせます。特に難しい作業ではありません。GPSプロッターが示す針路に向かうことで、目的地のポイントまでピタリと着くことができるのです。このように船首線を目的地やウェイポイントに合わせていけば、結果的には予定コースをトレースすることができます。実に簡単ですね。

　ただし、実際の航海では、ちょっとした使い方のコツがあるので紹介しましょう。先ほどGPSプロッターの船首線は、ボートが一定時間移動することで、初めてわかるという話をしました。このタイムラグが発生することで、GPSプロッターが指し示す方位は、どうしても実際の艇の動きからワンテンポ遅れてしまうのです。したがって、GPSプロッターの船首線だけを頼りに操船すると、旋回時に行きすぎてしまう、いわゆるオーバーシュートを起こしやすくなります。そのため真っ直ぐ走ろうとしても、フラフラと蛇行してしまうことがあるのです。

　私の場合、船首方位の維持は、基本的にGPSプ

ょう。このように次のウェイポイントや目的地を変更する必要がある場合も、カーソル移動などの比較的簡単な操作でコースを再設定することができます。

　クルージング中にチェックポイントに近づいたら、もう一度、艇や海の状況、さらにはクルーやゲストのコンディションなどを確かめてください。飛行機と違ってプレジャーボートでは、燃料の関係で帰れなくなってしまうような外洋を走ることはまず考えられませんが、沿岸を走っていても海況によっては戻れないということがありますからね。常に、GPSプロッターと周りの状況を見比べながら走りましょう。

到着予定時間の計算

　クルージングしていると、変針点や目的地までの到着予定時間が気になるものですが、GPSプロッターがあれば把握は簡単です。たとえばこの機種の場合、画面の下に自艇の速度（対地速度）と目的地までの距離が表示されています。したがって、これらの数値を見れば、おおよその所要時間がわかるのです。

　たとえば時速24ノットで快調に走っている場合、

①目的地までの残りの距離が8マイルなら、8マイル（距離）÷24ノット（速度）＝1/3時間、すなわち20分で走破できることがわかり、
②時化ていて10ノットしか出せなければ、8マイル（距離）÷10ノット（速度）＝4/5時間、すなわち48分と計算できるのです。

　航行中は忙しいので、細かな計算はできないかもしれませんが、暗算でもわずかの誤差ですむはずなので、ぜひ習慣にしてみてください。

この機種の場合、表示設定を変えることで到着予定時間が表示されるが、暗算でも簡単に計算できる

プロッターの運用

LOG 3 コースライン

1 カーソルを移動して目的地を設定すると、旗の付いたマークとともに、目的地の緯度や経度、目的地までの方位や距離が画面に表示される

2 目的地を設定したら、自船の方位(この写真では222度)と目的地までの方位(この写真では219度)ができるだけ一致するように操船する

ロッターではなくコンパスを見て判断しています。確かにコンパスの表示は偏差や自差があって補正しなければなりませんが、GPSプロッターでいったん針路を定めてしまえば、そのときに指し示している方位に進めばよいのです。今、コンパスが示している針路を維持するだけ。これなら偏差も自差もまったく関係なく使うことができます。

もうひとつ、コンパスを使う理由があります。私のボートでもそうですが、コンパスが操縦席の正面にある場合、GPSプロッターは左右どちらかに設置されることになります。このため進む方位を確認するたびに、いちいち横を見なければなりません。これは結構疲れる作業です。

GPSプロッターの船首線がウェイポイントに合って安定したら、そのときのコンパス針路を確認します。可能であれば遠くの物標を定め、それに向かってコンパス度数を保持しながら走りましょう。GPSプロッターは、時々、コースが外れていないかどうかをチェックする程度に使う。これが筆者お勧めの方法です。仇のようにGPSプロッターを睨みつけて走っている人がいますが、それでは疲れちゃいますよ。

LOG 4
ルート航法を活用する

GPSプロッターにはルート航法という機能があります。この機能を使うと、プロッター画面に予定のコースを作図してくれるのです。あたかも海上に自分が通る道路ができた感じですね。航行するときは、このコースに従って走ればよいので、とても安心です。

ルート航法は、次のウェイポイントまでが遠く、コース全体を表示すると、すごくおおまかになってしまうようなときに威力を発揮します。視界が悪く、GPSだけを注視しているような場合は、表示を拡大したくなるので、コース全体を見通すことが難しいものです。こんなときルートを設定していれば、常に進むべき方向を示してくれて大変便利です。

過去に走ったときの航跡がデータとして残って

ナビゲーション大研究 COURSE4

いれば、それをたどることができますが、ルート航法なら、行ったことがない場所でも安心して走ることができます。もちろん誤差もあるので狭い水域での過信は禁物ですが、開けた水域では絶対的な強みを発揮してくれます。

ルート航法するには、まずウェイポイントを順に登録してコースを作成します。そのうえでルート航法を実行すると、現在位置から次のウェイポイントまでの方位と距離、現在の速力における次のウェイポイントや目的地までの到着時刻、そしてコースからの左右のずれが一目でわかります。わずか0.1マイルのずれでも表示してくれるのです。狭水道を抜けるときや霧や雨で視界が制限されたときは、この機能がとても役に立つはずです。

LOG 4 ルート航法

1 ここでは、先ほど設定した館山までのルートをもとに、ルート航法を実行する。まずは、機能選択設定のダイヤルをルートに設定する

2 さらに呼出キーを押して、設定されているルートの一覧を表示させる。これらのルートから目的のコースを選ぶと、ルート航法を実行させることができる

4 ルート航法中は、基本的に自船の方位を次の変針点までの方位に合わせる。ただし、針路を大きく変更する必要があれば、柔軟に対応する

5 目的の変針点には、旗の表示がある。画面表示を見ると、変針点までの距離が0.17マイルとなっており、ウェイポイントに接近していることがわかる

プロッターの運用

ただしルート航法では、設定したコースを意識的に外れて航行した場合であっても、いつまでも次のウェイポイントまでの方位やコースからのずれが表示されてしまうので注意が必要です。カーナビでも、いったん目的地を設定したあとで予定を変え、別な方面に向かったときに、いつまでもルート検索して再表示するのと似ていますね。

3
ルート航法を実行中の画面。ルート航法中であることを表す記号の横に、変針点の緯度や経度、変針点までの方位や距離が表示される

6
ウェイポイントを通過すると、自動的に次の変針点に旗が移る。画面に表示される変針点までの距離や方位も、その旗の位置をもとに表示される

LOG 5
コース上の障害物を避ける

ボートナビゲーションでは、浅瀬や定置網など、航行上危険となる障害物に近づかないのが鉄則です。何事も「君子危うきに近寄らず」が一番。このためには、マーク機能や作図機能を使って、プロッター上に危険を知らせる情報を追加しておきましょう。港の周辺や河口など、危険地帯をどうしても通らなければならない場合は、より慎重なアプローチが求められます。コース設定するのは当然として、どこまでが限界なのか、作図機能を使ってマーキングしておきましょう。こうしておけば、航行中、周囲に気を奪われていても、うっかり近づく可能性は少なくなります。

こうしたマーキング作業を行ったとしても、航行中は、他船との行会いや停泊している遊漁船の群れなど、その場に応じて障害物を避けなければならないことの連続です。そのためには、なによりもまず見張りが必要となります。GPSプロッターを使っているからといって、周りを見る必要がなくなるわけではありません。どのように避けるかを判断するうえでも、周辺状況の把握は絶対に必要です。

航行中に障害物を見つけた場合、自船のコースは二の次にして障害物を避けてください。安全が十分に確認されたら、改めてウェイポイントに針路を向ければよいのです。

知らない海域では、画面の縮尺を大きくしたり小さくしたりを繰り返しながら航行するようにしましょう。もちろん、詳細な海の状況を知るには画面表示を拡大しなければなりませんが、拡大表示ばかりすると意外な落とし穴があります。というのも、極端に拡大した状態だと描画範囲が狭くなりすぎて、プロッター上に障害物が出てきてから避けるまでの時間的余裕がなくなってしまうのです。航行中、常にGPSプロッターだけを注視し続けることはできません。このため、あまり拡大しす

ナビゲーション大研究 COURSE4

広い海とはいえ、障害物はあちこちにある。特に定置網はGPSプロッターに表示されないので、厳重な見張りが必要だ。定置網のように海図に表示されない障害物を発見したら、プロッターの作図機能を使ってブロックしておこう

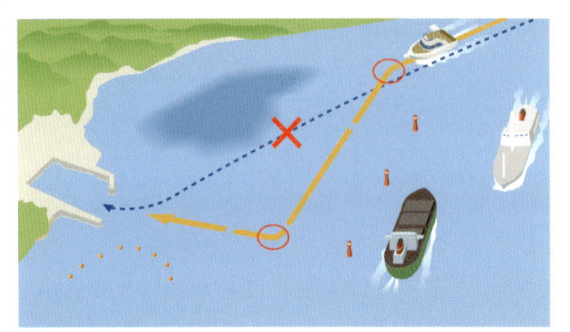

目的地が見えるとついついショートカットしてしまいたくなるが、必ず設定したアプローチポイントを通る

LOG 6
船舶輻輳海域での航行

　湾内、航路、港内などの船舶輻輳（ふくそう）海域では、ひっきりなしに他船とすれ違います。また外洋の開けた水域でも、本船コースといわれるような場所だと大型船がズラッと同じ間隔で航行していることも多く、どのタイミングで横切ったらよいのだろうと悩んでしまうことがあります。

　このように船舶の往来が過密な海域でプレジャーボートを操船するときには、早め早めに衝突を回避することを考えましょう。特に相手が本船の場合は、必ず避けて下さい。「こちらは保持船なんだから」と肩肘を張って、相手船の針路を避けないなどという行為は愚の骨頂。万一、衝突すれば、怪我をするのは自分自身です。他船がどのように走るかを常に考え、早め早めにその動きを予想し、衝突の危険があれば、微妙な位置関係になる前の段階で変針しましょう。

　船舶輻輳海域を航行中、平気で本船の目の前を横切る人が数多くいます。万一、本船を横切るタイ

ぎたために、気づいたときには危険地帯に踏み込んでしまっていたということがあるのです。

　一方、船首線を遠くのウェイポイントに合わせるために、あまりに大きな範囲を表示してばかりいると細かな描写が省略されて、障害物などの危険情報を見落としてしまう可能性があります。このようにプロッターの描画範囲は、大きすぎるだけでも、小さすぎるだけでも具合いが悪いのです。航行中は、拡大して障害物がないかどうか確認したり、縮小して全体を把握したりと、表示範囲を変えながら使用してください。

ミングでロープでも巻いて航行不能になったら、大事故になるかもしれません。本船は遅いようにみえて、意外と速力がでています。それでいて、機敏に旋回することはできません。速度と距離の判断を誤って、ヒヤッとすることも少なくないのです。くれぐれも自分の身は自分で守りましょう。特に夜間の航行では、細心の注意が必要となります。

　タンカーや貨物船などの大型船は、燃費効率を上げるため、できるだけ曳き波を立てないように設計されています。とはいえ、こうした曳き波はプレジャーボートにとって大変危険な存在であることにかわりありません。スピードがでていないように見えても、本船の曳き波は大きなうねりとなって押し寄せてきます。油断しているうちに、アッという間にひっくり返されてしまうかもしれません。大型船の近くを航行する場合は、「一に見張り、二に見張り」の気持ちをもつことが重要です。

　こうした船舶輻輳海域では、自分が予定していたコースを走れなくなることもしばしばあります。そのため、GPSプロッターで設定したコースから大きく外れてしまうケースも考えられます。このようなときでも、慌てずに次のウェイポイントに向けて走ればよいのです。わざわざ、はじめのコースラインまで戻る必要はありません。臨機応変に対応して構わないのです。

　ただし、設定したコースの両側にどのくらい安全なスペースがあるかについては注意する必要があります。GPSプロッターを見れば、現在位置と進むべき方向はわかりますが、そのリカバリーコース上に定置網や浅瀬などの障害物があったら大変です。新たにコースを設定したときは、そのコースが安全かどうか、常に把握しておいてください。

LOG 7
初めての港の入港方法

　初めて訪れる港への入港は気を使います。海図やプレジャーボート・小型船用港湾案内などを使って綿密に調査しておくとともに、GPSプロッターも最大限に活用しましょう。まずは安全な入港方法を調べます。プレジャーボート・小型船用港湾案内に推奨する入港針路の記載があればそれに従い、記載がない場合は海図で周りの状況をよく確認し、暗岩や定置網を大きく避けた安全なコースを選定しましょう。

　GPSプロッターには、まず、進入を開始する地点をプロットします。私はこれをIP（Initial Point＝イ

航路脇にひしめいている遊漁船の群れ。絶好の漁場には多くの船が集まっている。場合によっては船団のあいだを航行しなければならず、注意が必要だ

初じめて訪れる港への入港には気を使うものだ。事前に十分コースを検討し、GPSプロッターに入港針路を設定しておこう

ナビゲーション大研究 COURSE4

入港場所をGPSプロッターに設定する場合には、アプローチを開始するポイントを設定しておくとよい。この場所を筆者はIP（イニシャルポイント）と呼んでいる

ニシャルポイント）と呼んでいますが、ここから入港を開始するのです。どこから港に近づいたとしても必ずIPから港に向かう、こういった使い方をします。当然、IPは障害物から十分に離しておきましょう。

ポイントを設定したら、推奨する針路に沿って、防波堤の入り口にもうひとつマークを付けておきましょう。もし入港針路が複雑でコースが折れ曲がっていたとしても、それぞれのポイントにマークを打っておけば、最初のIPから常に次のマークに船首線を向けていくだけで安全に入港できるのです。もちろん、GPSプロッターの指示には多少の誤差はあるので、油断は禁物です。もしかしたら、流木や漁網などの障害物がないとも限りません。見張りだけはしっかりしてください。

入港コースが設定できてしまえば、あとは表示に従ってゆっくり進むだけです。もちろん、自船の航跡はデータとして残し、帰路や次回の航海の参考にします。

LOG 8
航海日誌で記録を残す

GPSプロッターを用いたナビゲーションは、簡単、便利なゆえに落とし穴もあります。GPSプロッターを用いれば、確かに船位は表示されます。設定したコースも出ています。目標に向かって一直線に進んでもくれます。しかし、こうしたことは航海の安全を助けてくれはしますが、安全を保障してくれるものではありません。

使いこなす側の人間がしっかりしていなければ、宝の持ち腐れです。航路内での航行規則を知らないことを原因とした衝突事故、見張りを怠ったことによる浅瀬への乗り上げなど、安全の大切さを理解したうえでGPSプロッターを使いこなさなければ役に立ちません。機能を使いこなせるかどうかは、乗り手次第です。ぜひ、使い方をマスターするまで勉強してください。

また、クルージングに出たときは、次回の計画に役立てるためにも、実際に走った記録（ログ）を残すようにしましょう。Plan（計画）→Do（実行）→See（確認）のSeeにあたる部分です。所要時間、燃料消費量、参考になる物標、入港針路など記録しておくと、今後はとても役に立つようになるのです。人間の記憶というのは曖昧で、少し前のことになるとすっかり忘れてしまいますからね。

また、自分の記憶にあるだけでは誰にも伝えられませんが、ログになっていれば周りの人と情報を共有することができます。あとから自らの航跡を振り返るのも、なかなか楽しいですよ。さまざまなログが残っていれば、それがすなわち航海計画となるのです。この蓄積が「ベテランの味」というものですよね。

陸上のドライブでは、渋滞などの道路状況によって到着時間や燃費が違ってきますが、それ以上に海の上では、海況によって到着時間や燃費が違ってくるのです。風や波の影響を受けて、普段なら2時間で走れる距離に倍ぐらいかかってしまったり、遠回りをして余計に燃料を食ってしまったりすることは珍しくありません。遅れて日没を過ぎてしまったり、燃料が足らなくなったら大変です。こういったデータを蓄積するためにも、航海日誌は役に立つのです。その日の気象や海況、所要時間、燃料消費量、参考になる物標、入港針路などは、必ず記録として残しておきましょう。

プロッターの運用

【TRITON III 航海日誌】　　2006／5／3（木）　　記入者　小川　淳

Before Cruise Check List

燃料	FULL	バッテリー1	OK	干満	時刻	潮位
清　水	FULL	バッテリー2	OK	干潮1	01:09	104
飲料水	OK	バッテリー3	OK	干潮2	14:07	19
ビルジ	OK	アワーメーター右	1525.5	満潮1	06:19	135
エンジンベルト	○ ○	アワーメーター左	1533.6	満潮2	22:11	119
エンジンオイル	○ ○	アワーメーター発	2568.0	潮具合	中潮 潮位は波浮港	
ミッションオイル	○ ○	ブリーフィング	OK			
トリムタブ	OK	予定連絡	済			

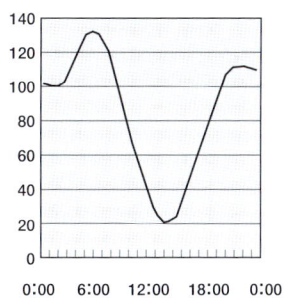

Cruise Log

	地　名	時刻	天候	風力	海況	備　考
出港	IZUMIマリーン	07:20	晴	SW3	0.5	快晴風弱く
経由地	浦安沖	07:50	快晴	SW4	0.5	比較的走りやすい
	風の塔	08:10	快晴	SW5	0.5	同上18～19ノット
	第一海堡	08:45	快晴	SW5	0.5	風裏で波が収まってきた。20ノット
	浦賀2番ブイ脇	09:05	快晴	SW5	0.5	風のわりに静か。直接大島へ向う
	吉野瀬	09:25	快晴	SW5	1.0	大島視認。21ノットで快調に走る
	沖の山	09:55	快晴	SW5	1.5	結構うねりがある。19ノット
目的地	着 :					
	発 :					
経由地	風早埼沖合	10:40	快晴	SW5	1.5	うねりのわりには走りやすかった
	竜王埼沖	11:00	快晴	SW4	1.0	風裏のため23ノットで快調に飛ばす
	:					
	:					
	:					
	:					
帰港	大島波浮港	11:15	快晴	SW3	凪	奥は一杯だったので新港に停泊する

Passenger List

1	小川　淳	2	川村さん	3	草薙さん	4	
5		6		7		8	
9		10		11		12	

After Cruise Check List

残燃料	3/5	燃料消費量	460L	残清水	4/5	ビルジ	OK
陸電	−	アワーメーター右	1529.9	アワーメーター左	1538.0	アワーメーター発	−
使用免税券	波浮で574L　1L 080A044277～080A044280　10L 080C126528～080C126529　　　　　50L 080F025617　　　　　　　　　100L 080G126814～080G126818						
不具合個所	保温庫が踊って蛇口を叩き、水浸しになる。固定をしっかりすること						

湾奥クラブクルージング。私、川崎さん〈WonderLand88〉、清水さん〈エジプ〉の3艇で行く。川崎さんは初めての外洋。出発直後は波長の短い波で叩かれたが、第一海堡を過ぎたあたりから楽になる。沖の山まで行くと1.5mほどのうねりが出てきた。波浮の入り口では転舵してからずいぶん波に叩かれた。天気は好天に恵まれ、快適なクルージングだった。エンジンも快調。GWで本港はいっぱいだったので新港に泊める。夜は泉津に宿泊。車で迎えに来てもらって、初めて島内観光ができた。万事うまくいったクルージングであった。

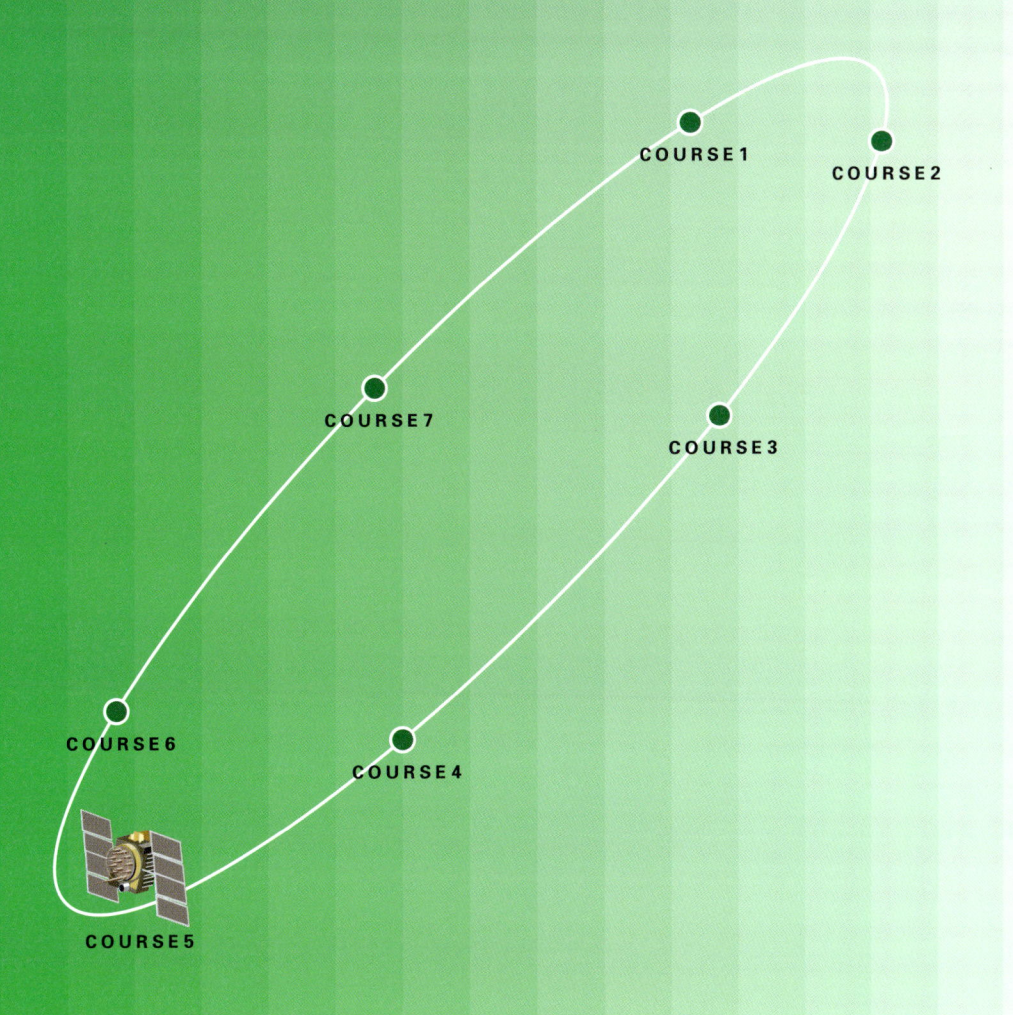

ナビゲーション大研究 COURSE5
視界不良時の航行
悪条件下での操船とレーダーの操作

荒天時や夜間などに航行する場合は、より慎重な行動と冷静な判断が求められる。このように周囲の視界が制限されるような条件であればあるほど、GPSプロッターやレーダーなどの航海機器を最大限に活用して、慎重かつ冷静にナビゲーションを行わなければならない。

ナビゲーション大研究 COURSE5

LOG 1
霧発生時のナビゲーション

　ナビゲーションをしていて、特に気を使うもののひとつが霧の発生です。時化も怖いですが、霧も怖いものです。時化は「命が危ない」という恐怖、霧は「その向こうに何があるかわからない」という不気味さとでも表現できるでしょうか？　霧に包まれてバウの先が数メートルしか見えないというような状況に遭遇すると、本当に恐怖を感じます。

　山の中をドライブ中に遭遇する霧と違って、海上での霧を決して甘くみてはいけません。「霧でよく見えないけど、道に沿っていけばいつかは着くさ」が、海の上では通用しないのです。しかも、沖合に出たら、風も強いのに加えて霧があったというようなケースも少なくありません。

　このような霧に遭遇したとき心配となるのが、船位の喪失と衝突事故です。たとえ自分が完璧なナビゲーションをしていたとしても、他船が接近してくることがあります。こんなときは霧中信号を鳴らして、周囲の船舶に警告しましょう。少なくとも他船の霧笛をしっかりと聞かなければなりません。

　霧の中では五感をフルに働かせる必要があります。プレジャーボートの操船中は、なかなか周囲の音が聞きとれません。視界が制限されたときはできるだけエンジン音を下げて、静かに走りましょう。「霧中航行は安全な速度で」というルールもありますしね。もし霧笛が近くに聞こえたら、何はともあれ他船を避けましょう。

　GPSプロッターを装備し、ルート航法を用いれば、こういうときもナビゲーションの不安はかなり解消されます。ただし霧が発生していると前方の物標を目印にすることができないので、針路を維持するにはちょっとした注意が必要となります。先にも述べたようにGPSプロッターだけを頼りにしているとなかなか真っ直ぐに走れないので、コンパスを見て走りましょう。これは、夜間航行時にもあてはまります。

　GPSプロッターでルート航法を選択したら、細心の注意を払って指示されたコースをトレースしていきます。こういうときは「計器が狂っていないか」、「本当にここでよいのか」など疑心暗鬼になってきますが、計器を信頼して走りましょう。やみくもに走るのが一番危険です。こういうときこそGPSプロッターの真価が発揮されるのです。

LOG 2
夜間航行時のナビゲーション

　夜間航行は危険がいっぱいです。昼間と違って視界が極端に狭まり、水面もほとんど見えません。海上が荒れていても、波の動きを見ての操船ができないので、小型船では航行不可能と思ったほうがよいでしょう。幸いにして海が静かだったとしても、航行中の船舶の動きは灯火でしか確認できません。灯火設備のない浮標や立標にいたっては、まったく見えないのです。さらに灯火や灯質など、昼間の航行ではあまり気にならないことも知っておく必要があります。昼間以上に見張りには気を使いましょう。

　パイロットハウスのガラスに汚れや潮がついる

霧に遭遇したとき、最も心配なのは船位の喪失と衝突事故だ。海上で発生する霧を甘くみてはならない。周囲への警戒を怠らずに航行しよう

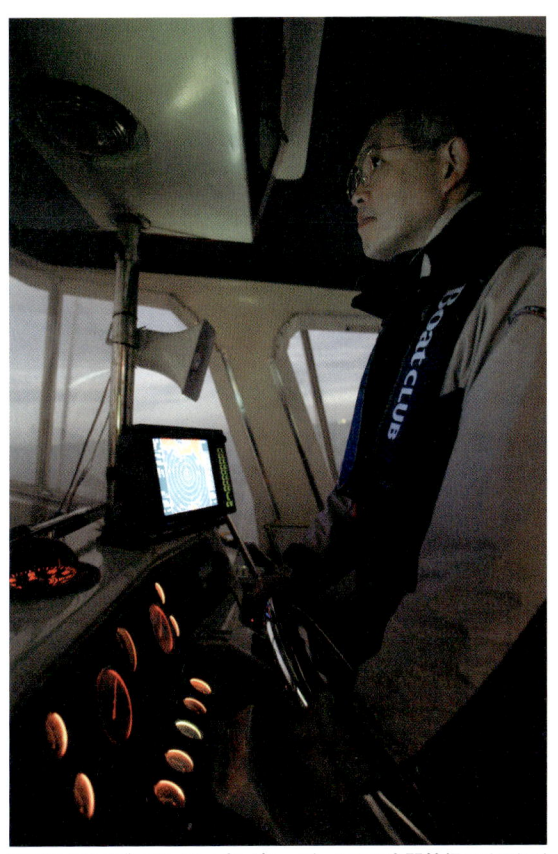

視界不良時の航行

車でのドライブと違って、プレジャーボートでの夜間航行はリスクが非常に大きくなる。極力、夜間の航行は回避しなければならない

夜間航行時には、往路で安全なコースの航跡を残し、復路でその航跡をトレースするとよい

　と、周囲の状況が極端に見えづらくなってしまうのも夜間航行の特徴です。フライブリッジ艇でも、エンクロージャーなどが汚れていると同様に見えにくくなります。船内の灯りが内面反射したりして、それこそガラスにおでこを擦りつけるようにしながら操船している人も多いことでしょう。私もこれが嫌で、スプレーを被ってずぶ濡れになりながらも、フライブリッジをオープンにして操船しています。

　レンタルボートの場合、一般的に夜間航行が禁止されているのも当然のことだと思います。レンタカーで夜間走行禁止ということは考えられませんが、ボートの場合、昼と夜はまったく別物なのです。その危険性は昼間の何十倍にもなるでしょう。少なくとも夜間航行は、日頃、慣れ親しんだ海域以外はできないと思うべきです。

　初めての夜間航行でほんのわずかな距離でしたが、ホームポートの灯りが見えて気が抜けてしまったのでしょうか。マリーナ手前にある防波堤がまったく見えず、ギリギリのところで気がついたなんていう話も聞いたことがあります。ホームポートの防波堤に突っ込んでしまったら、本当に泣くに泣けないですからね。

　日中なら問題なく発見できる障害物でも、夜間航行では見つけるのが大変です。流木やロープなども見えないので簡単に巻き込んでしまいます。こういった漂流物の多い水域を航行するときは十分注意したいものです。行き帰りで同じ道筋を通るなら、少なくとも行きの明るいうちに障害物の少ない海域を通ってGPSプロッターに航跡を残しておきましょう。帰路はその航跡をたどって戻ってくれば、少しは安心できます。

　夜間航行では、ルート航法または往路走った航跡をトレースしながら操船します。また各航路標識の灯火の意味を十分理解するとともに、他艇の灯火に十分注意しながら走りましょう。

ナビゲーション大研究 COURSE5

LOG 3
荒天時のナビゲーション

　荒天に巻き込まれないための秘訣は、荒天が予想されるときは出ないということにつきるでしょう。レジャーとして海に出ている以上、命がけで荒海を乗り切ったとしても誰も誉めてはくれません。まずは出ない勇気、止める勇気を持ってください。本当のファインプレーは、見えないところで発揮されるのです。

　では、どのような状態になったら荒天なのでしょうか。これは艇の性能、乗る人の経験や技量によって大きく異なってきます。台風のような大荒れの海なら誰もが荒天と思うでしょうが、プレジャーボートの世界では、本船にはほんの漣（さざなみ）のごとく感じられる海況ですら、荒天のうちに入ることがあるのです。出港の前には必ず天気予報を確認し、どのような海況が予想されるか知っておきましょう。

　ただし、天気予報で表示される波高というのは、あくまでも目安にすぎません。ボートにとって走りやすい、走りにくいという判断は、波高のほかに波長も大きく関係しています。たとえば、波長の長い太平洋の大きなうねりのなかを走るような場合、かりに波高が2m以上あったとしても普通に走れることがあります。とはいうものの、こんなときは少し離れるだけで僚艇のフライブリッジすら見えず、心細いこともありますけどね。ましてフライブリッジのない艇では、周囲が水の壁となって、さらに怖いような気もします。

　一方、水深の浅い湾内や岸近くでは、いったん波長の短い風波が立った場合、たとえ波高は1mでも、とてもじゃないが走っていられないなんていうことがあります。このように荒天の定義というのは、波の高さや波長、風向きや風速、さらに走る場所によって大きく異なってきます。自分の走る海域で、どのような状態になったら荒天なのかということをよく知っておきましょう。

　一般的にいえば、バウが波に刺さって水をすくうようになったら、それがその艇の限界といえます。ド〜ッとスプレーが飛んでくると、エンクロージャーはおろかフロントガラスが損傷することさえあります。そうなる前に、いち早く逃げ帰りましょう。

　また、同じ波でも正面から受けるのと横から受けるのでは、耐えられる限度が全然違います。このため荒天時になると、予定コースを走れないという事態が発生します。荒天時のナビゲーションでは、特にこの点に注意しなければなりません。波を真正面から受けるととてもじゃないが走れないという状況では、真追ってから波を受けても、あるいは真横から波を受けても走りにくいものです。こんなときは、波に対して20〜30度の角度をつけて波を受けるようにすると、グッと楽になります。

　ただし、これではGPSプロッターが示すコース通りに走れなくなりますよね。でも、それはそれでいいのです。無理にコースをトレースしようしても辛いだけ。GPSプロッターに表示されたコースを中心にして、左右に船首を振りながらジグザグに走りましょう。

　荒天時の航行では、そのときの状況に応じて走ることが重要です。もちろん変更したコース上に障害物がないか、よく確認してください。またコースの設定自体も、陸寄りの浅いところでは巻き波になったり、返しの波で余計に走りにくくなったりすることがあります。設定にはいつも以上に気をつけてください。

荒れた海で走らないのが一番の荒天対策。ちょっとでも波立ってくると、定置網などの発見が困難になる。いつも以上に見張りは厳重に!

視界不良時の航行

LOG 4
航海用レーダーの活用

　霧、荒天、夜間など、航行中に視界が悪くなったとき、非常に頼りになるのがレーダーの存在です。レーダーは、自船から電波（マイクロ波）を発射して何かに当たって跳ね返ってきた電波から、その物体までの距離と方位を算出しスクリーン上に表示するものです。この電子の目は、暗闇であろうと霧であろうと関係なしに透かし見ることができます。もちろん、視界の開けた日中、快晴のコンディションであっても、航海の安全に役立つことはいうまでもありません。

　レーダーを上手く使いこなすことができれば、航海中のリスクを減らすことができます。もちろん装備の優先順位としてはGPSプロッターのほうが上ですが、自艇にそれだけのキャパシティーがあり、金銭的な余裕があるなら、装備を検討してみる価値があるといえるでしょう。

　これまでにも述べてきたように、GPSプロッターとは自艇の位置情報を演算表示し、「過去」に作られた海図情報にしたがってナビゲーションすることを可能にしてくれるツールです。したがって、自艇の周囲が「現在」どういう状況にあるかということはわかりにくいのです。臨時のブイが設置された、浚渫工事をしている、定置網が入っているといった

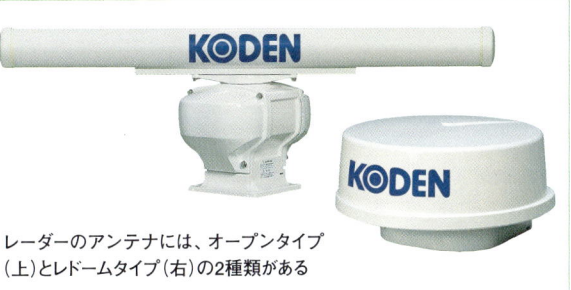

レーダーのアンテナには、オープンタイプ（上）とレドームタイプ（右）の2種類がある

筆者の愛艇に装備されたレーダーアンテナ。比較的大型のオープンタイプアンテナをフライブリッジのルーフ部分に取り付けている。航行中の頭上げに対応するため、アンテナが前かがみになるように台座の部分に傾斜がついているのがわかる

一時的な情報はわかりませんし、何より周囲を航行している船舶は表示されないのです。霧の中に溶け込みながら進む他船の動きを、GPSプロッターは教えてくれません。

　一方、レーダーは自ら電波を発射しているため、自船を中心とした他船の動きなどが一目瞭然で、絶対的な位置関係をリアルタイムに知ることができます。このため視界の悪い状況では、大きな力を発揮してくれます。障害物との距離がわかるので、特に岸近くを航行しているときは、これに勝るものはないといえるでしょう。他船との衝突を防止するうえでも、非常に役立つことはいうまでもありません。

　出力が小さく、アンテナの長さが2フィートほどしかないレドームタイプのレーダーであっても、航路ブイなどがしっかり映ります。分解能の高い大きなオープンタイプのレーダーの場合には、コンディションによっては竹杭なども鮮明に映し出すこ

航行中のレーダーのイメージ。レーダーを使用すると、自船に跳ね返ってくる電波をもとに、自船の周囲の状況を画面に表示させることが可能となる

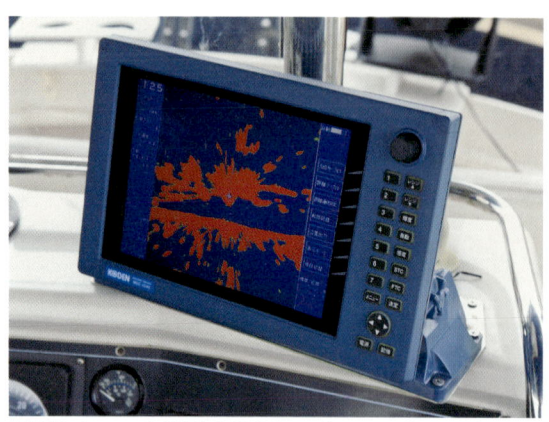

ナビゲーション大研究 COURSE5

操縦席コンソールに設置した筆者のレーダースコープ。GPSプロッター同様、航行中、できるだけ見やすい場所に取り付ける

LOG 5　方位の測り方

画面上に映る任意のエコーの方位を測る場合は、方位カーソルを使用する。ここでは11時方向に見えるエコーの正確な方位を測る

LOG 5　距離の測り方

画面上に映る任意のエコーまでの距離を測る場合は、距離マーカーを使用する。今度は11時の方向に見えるエコーまでの正確な距離を測る

とが可能です。視界の悪いとき、レーダーは本当に頼りになります。

　過去に私も、霧の中を外洋の島までクルージングに行ったとき、島の目の前まで来ているはずなのに見えないなんていうことがありました。島全体が雲に隠れてしまっているんですね。1マイルを切るまで見えなかったので、かなりドキドキしました。もちろんGPSで位置はわかるのですが、やはり見えるはずのものが見えないというのは気を使います。

　このような状況でも、レーダーで見えていれば「あ〜霧に隠れているのか」と合点がいくので安心です。ちなみにこの航海では、帰りも見通しがきかず、浦賀水道の本船航路で本船が頻繁に行き交うなか、釣り舟がにわかに霧の中から現れたりして非常に気を使いました。レーダーで0.5マイル切ってるところに大きなエコーがあるのに、全然見えないのです。「向こうからこっちは見えているんだろうか」と心配になってしまうほどでした。一番視程が悪かったときは、200mほどしか見えなかったでしょうか。それでもレーダーのおかげで、こういった他船の動きも視認できるはるか前の段階で把握していたので、ずいぶん気持ちは楽でした。

　霧や暗闇で周囲が見えないときでも、レーダーがあれば、近くを走っている船や障害物、陸地がどこにあるかなどがわかるので、安全にボートを走らせることができます。レーダーは周囲の状況を「見る」ことを可能とする、人間の目の代わりとなる道具なのです。

LOG 5
レーダーの基本的な操作

　レーダーの基本操作はさほど難しいものではありません。電源を入れてしばらくウォームアップすると、レーダースコープ（表示画面）上に周囲の状

視界不良時の航行

2 まず、方位カーソルキーを押して画面上に方位カーソルを出す。画面左下には、カーソルの方位を示すダイアログが反転表示されている

3 右上にあるダイヤルを回し、方位カーソルを測りたいエコーの中心に合わせて数値を読む

2 まず、距離マーカーキーを押して、画面上に距離マーカーを出す。画面左下には、マーカーまでの距離を示すダイアログが反転表示されている

3 ダイヤルを回し、同心円上に広がる距離マーカーを測りたいエコーの手前で合わせて数値を読む

況が表示されます。最近のレーダーは、電波を同調させ、物標が明瞭に映るようにするのに細かいチューニングは必要ありませんが、それでもレーダーを使いこなすようになるには多少の知識が必要となります。ここでは、私が使用している光電製作所製のMDC-1040を使って、レーダーの基本的な操作方法について解説していきましょう。

レンジ、方位、距離の設定

レーダーは、自船のすぐ周囲にある障害物を確認するだけでなく、遠くの物標を確認するときにも活用できます。GPSプロッター同様、状況に応じて近くのエリアを詳しく見たり、もっと周辺エリアを見たりすることができるのです。

自船からどのくらいの距離にある物標を確認したいのかを設定するのが、拡大・縮小機能です。たとえばこの機種の場合、表示画面の右側にあるレンジ△という設定ボタンを押すと表示されるエリアの範囲が拡大します。このボタンを1回押すたびに、1.5マイル、3マイル、6マイルといったように、

ナビゲーション大研究 COURSE5

LOG 5 レンジ

1 この機種の場合、レンジの設定はダイアルの下にあるレンジ△キーとレンジ▽キーを使って行う。またレンジの設定は画面左上に表示される

2 レンジ△キーを1回押すと0.25マイルだったレンジが0.5マイルレンジに拡大した。左の写真と比べて、より広いエリアが画面に表示されている

3 さらにレンジ△キーを1回押すと、レンジが0.75マイルに拡大した。表示エリアがさらに拡大されているのが画面から読みとれる

4 もう1回レンジ△キーを押すとレンジが1.5マイルに拡大した。この機種の場合、最大48マイルまでレンジを拡大することができる

あらかじめ設定された距離範囲（レンジ）に画面の表示範囲を変更することができます。さらにこのレーダーの場合は、あらかじめ設定されたレンジだけではなく、自由にレンジを変更することも可能となってます。

　拡大・縮小表示は、必ず自船を基準に行なわれます。GPSプロッターのように、特定の場所を拡大するようなことはできません。レーダーは自船から出る電波の反射波を使って周囲の状況を画面に表示しているので、その反射波が届く範囲までしか表示できないのです。

　一方、方位カーソルと距離マーカーは、レーダーの電波が届く範囲にある物標までの方位や距離を測定したり、2点間の距離を測ったりするために使います。方位カーソルは、自船の位置を中心として、任意の方向に回転させることができる直線のマーカー。距離マーカーは自船の位置を中心に任意の大きさに変化させることができる円型のマーカーを意味します。どちらも自船の位置が基準になっているので、これらのマーカーの位置や方位を変えても、GPSプロッターのように表示される画面を移動させることはできません。レーダーを使用するにあたっては、この点を十分に理解しておいてください。

視界不良時の航行

LOG 5 レーダー感度

1 感度キーを押してダイアルを回し、適正感度に調整されている状態。ノイズが少なくそれぞれのエコーが十分に確認できる

2 感度を下げていくにつれてエコーが弱くなり、目の前にあるはずのエコーが消えてしまう。このような状態だと感度が低すぎる

3 画面の左側に反転表示されている数字が感度。数値を上げていくと、再びエコーの表示がはっきりしてくる

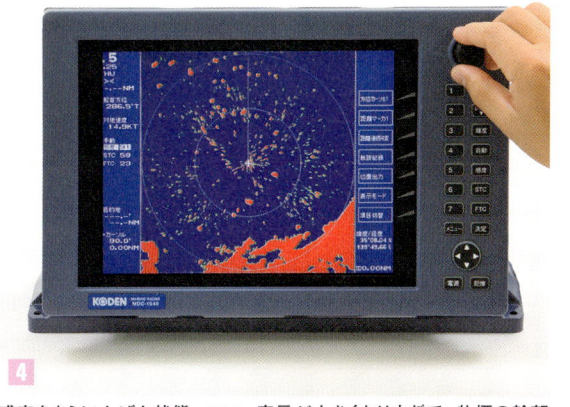

4 感度をさらに上げた状態。エコー表示が大きくなりすぎて、物標の輪郭がつながってしまい、画面がノイズだらけになっている

　航行中、レンジの拡大や縮小、それにカーソルキーを組み合わせることによって、周辺の状況をつかんだり、気になる物標までの方位や距離を知るというのがレーダー操作の基本です。GPSプロッターと同様、レンジを拡大した状態ばかりで走っていると、自艇のすぐ近くの物標が見えなくなって危険なので、常にレンジを切替えながら操船するように心がけてください。

感度、STC、FTCの調整

　レーダー画面に周囲の物標をできるだけ見やすく表示させるためには、感度(ゲイン)、海面反射除去(STC)、雨雪反射除去(FTC)といった各種の設定機能を理解し、状況に応じて最適値に調整するスキルが必要となります。

　まずは、感度についてみていくことにしましょう。感度の設定を高くすれば、遠方にいる他船や小さなブイなどに当たって戻ってくる微弱なエコーも画面に表示されるようになりますが、その分、余計な反射波(ノイズ)も増えるため画面表示が見にくくなります。また、エコーが強すぎると物標などが大きく表示されるので、物標と物標がくっついてしまうようなことも起こるのです。

　逆に感度を低くしすぎると、画面上の表示はすっ

ナビゲーション大研究 COURSE5

きりしますが、小さなエコーは消えてしまうため危険です。このように感度の調整では、必要な物標が十分に映り、しかもひとつひとつの物標が団子にならず識別できるくらいに調整しなければなりません。最新の機種ではオートゲインコントロール（自動調整機能）がついていますが、プレジャーボートでは手動の調整が必要なようです。レーダーを使用するにあたっては、ぜひ最適な感度を見つけられるように経験を積んでください。

一方、海面反射除去（STC＝Sensitivity Time Control）は、自船近くの海面反射を抑制するためのものです。自船の近くは波しぶきによって電波が反射されやすいため、スコープの中心部にノイズが出やすくなります。これを防ぐのがSTCの機能で、海面反射除去の設定値を変えることによって、スクリーン中心部のノイズが段々と少なくすることができます。ただしこれも感度と同じで、STCを効かせすぎると、自船の近くにある物標のエコーを消してしまう危険性があります。感度の場合と同様、中心部にうっすらとノイズが表示されるくらいに設定するのが基本です。

一方、雨雪反射除去（FTC＝Fast Time Control）というのは、降雨時の雨粒反射を抑制するためのものです。天気予報で雨雲レーダーを見ることが

LOG 5 エコートレイル

1 画面に映るエコーが時間の経過とともにどのように動いているかを知りたい場合は、航跡キーを押してエコートレイルモードにする

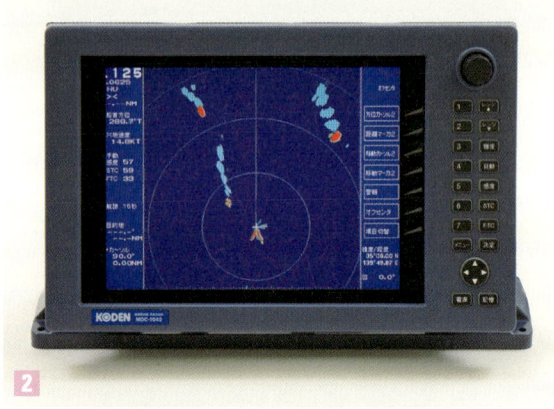

2 航跡キーを1回押して15秒間エコーを表示した状態。自艇とエコーの相対的な移動状況が残像として表示される

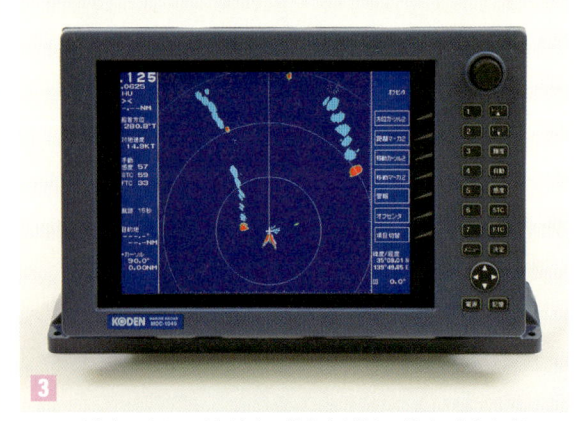

3 エコーが中心に向かってくるときは衝突する恐れがあることを意味している。ここでは少し左に曲がり、他船をかわしている

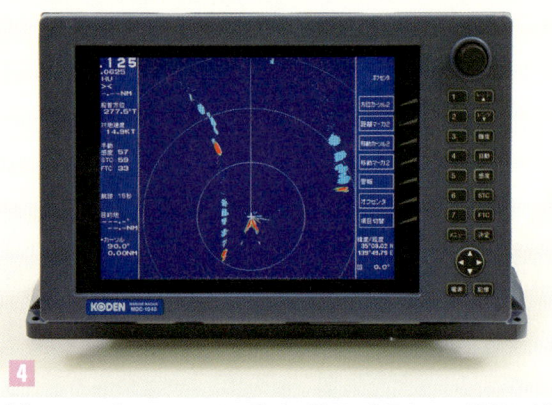

4 残像は、レーダーアンテナが1回転する間隔で表示される。問題なく他船と左右にすれ違っていくのが画面から読み取れる

視界不良時の航行

多いかと思いますが、水滴というのはレーダー電波を反射しやすいのです。このためマリンレーダーの場合も、雨が酷くなると画面表示がノイズだらけになることがあります。こうした雪や雨によるノイズを抑制するのが、FTCの機能です。設定値を変えると降雨によるノイズが段々と少なくなってきますが、これもFTCを効かせすぎると必要なエコーを消してしまう危険性があります。ノイズを完全に消し去るのでなく、うっすらと表示させるくらいに設定を調整しましょう。

ビーコンとエコートレイル

レーダーは周囲を見張るうえでとても便利なツールとなりますが、船舶輻輳海域では周辺からのエコーが多すぎて、どれがどの物標かわからないといった現象が起こることがあります。このような状況では、航路ブイや灯台など目標となる物標を識別するのが困難な場合も少なくありません。そのため、航海上の要所要所には、ビーコンと呼ばれる電波を発信する設備が取り付けられています。

ビーコンには、レーダービーコンと呼ばれるものと、レーマークビーコンと呼ばれるものがあります。このうちレーダービーコン（レーコン）は、一種のレーダートランスポンダーの機能を備えており、レーダー電波を受信すると、それを合図に自ら電波を発して物標の位置を知らせてくれます。画面上では、物標の後ろ側に輝線が表示されて、その位置を確認することができます。

一方のレーマークビーコンは、船舶用レーダーで受信できる電波を常に発信していて、自艇と物標を結ぶような輝線（破線）がレーダー画面に表示されることによって、その位置を確認することができます。

このようにビーコンを見れば、多数のエコーがひしめく状況でも「あそこが航路の入り口のブイだな」と合点がいくのです。ちなみに東京湾付近では、東京灯標、中ノ瀬D灯浮標、浦賀水道航路中央1番灯浮標、浦賀水道航路中央6番灯浮標、第二海堡、布良鼻にレーダービーコンが、剱埼灯台、野島埼灯台、犬吠埼灯台、伊豆大島の風早埼灯台にレーマークビーコンが設置されています。ビーコンは海図上にその位置が記載されていますから、その表示を画面で確認してみてください。

レーダー画面を見る場合には、エコートレイルの機能についても理解しておく必要があります。航行中の衝突を避けるためには、他船などの物標が自艇に近づいているのか遠ざかっているのか、危険な位置関係になるのかならないのかを、瞬時に判断しなければなりません。この作業を支援してくれるのが、レーダーのエコートレイル機能です。

エコートレイル機能をオンにすると、画面上に一定時間エコー残像が残ります。その残像が連続的に表示されることで、物標がどのような移動ベクトルを持っているかがわかるのです。慣れてくれば、自艇と他の物標がどのくらいの間隔で交差するかということまで把握できます。プレジャーボートの場合、自艇の針路がフラフラしやすいため、エコートレイルの表示もぶれる傾向にありますが、使いこなせれば非常に役に立つ機能といえるでしょう。

*

このようにレーダーにはさまざまな機能がありますが、電源さえ入れれば大丈夫というものではありません。より見やすい画面にするためにはさまざまな調整が必要であり、画面表示の意味を正しく読み解くためには、それなりの知識と経験が必要となります。その点では、GPSプロッターよりも操作が難しいといえるかもしれません。

せっかくレーダーを搭載しても、さまざまな機能や表示の意味を理解しなければ、宝の持ち腐れです。レーダー使いこなすにはそれなりの勉強やトレーニングが必要となりますが、逆にその能力を理解して使いこなせるようになれば、ナビゲーションの強力な味方となってくれるはずです。

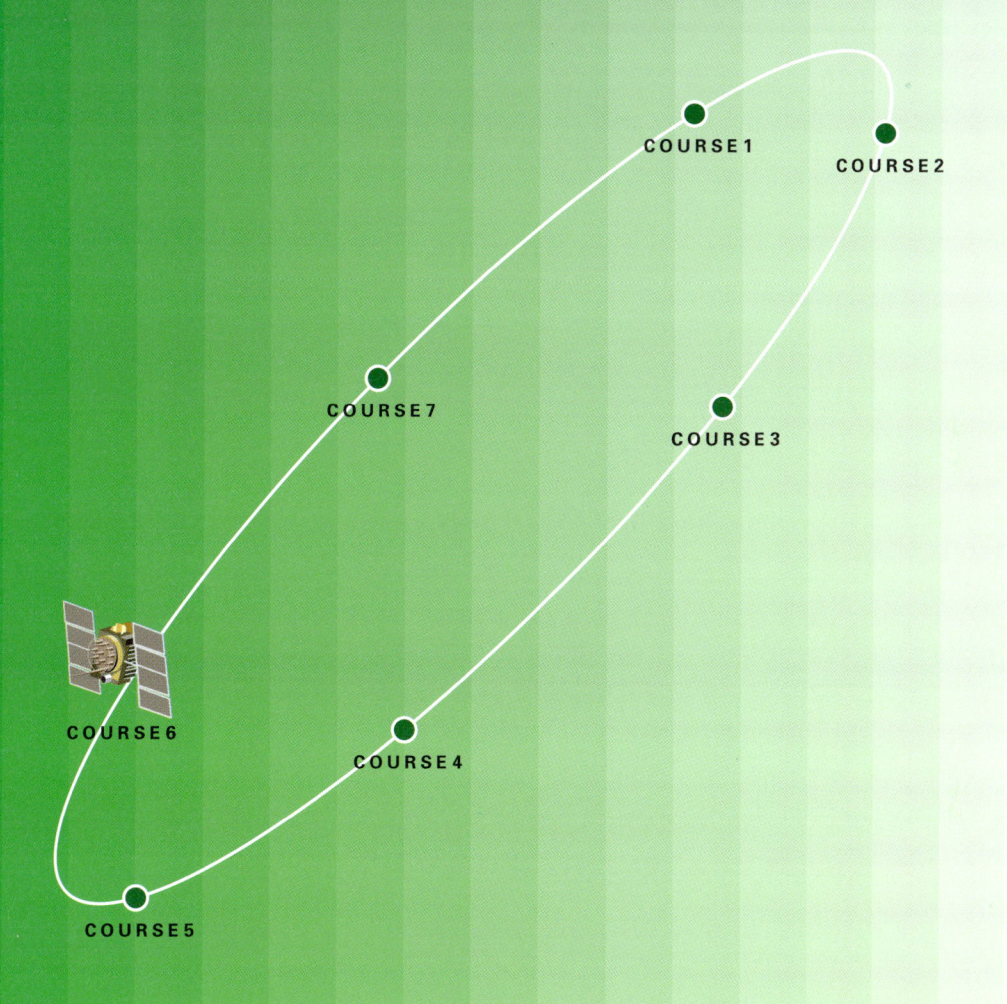

ナビゲーション大研究 COURSE6
航海機器の活用例

東京湾クルージングシミュレーション

この章では、東京湾周辺のクルージングをケーススタディとして、電子航海機器を活用したナビゲーションの実際の流れを紹介していく。さまざまな航路標識や他船の動きなどが画面にどのように表示されるかを理解し、その情報を積極的に活用することが、安全面での重要なファクターとなる。

ナビゲーション大研究 COURSE6

LOG 1
航海計画のシミュレーション

　航海計画を立てる前に、艇や構成メンバーを把握しておくことが重要となります。小さな子供を含む家族連れが参加しているような場合は、ゆったりとした航程を考えましょう。クルージングの途中で天気が崩れることも少なくありません。海況の悪化により避航する場合を想定して、予備日も設定しておきましょう。翌日、どうしても外せない予定があったりすると、無理をして事故を起こすことにもつながるからです。

　今回のクルージングシミュレーションでは、1泊2日の予定で東京湾奥のマリーナから湾口まで走り、東京湾周辺エリアをグルッと一周することにします。まずは、どこの港が寄港地としてふさわしいか、検討してみましょう。

　最初に選んだのは館山港です。ここは避難港として港内に十分なスペースがあり、波浪に対する安全性も十分です。給油も便利で、アプローチも容易。また、上陸後の徒歩圏内にスーパーマーケット、コンビニエンスストア、銭湯などもあり、寄港地として最適といえます。

　もうひとつ、三崎港を寄港地としました。ここは、城ヶ島によって外洋の波浪から守られた天然の良港で、マグロ漁業の基地として大変に開けたエリアです。プレジャーボート向けのビジターバースが用意されていて、食事、給水、給油なども可能です。

　目的地を決めたら、海図を見ながらコースラインを検討します。東京湾奥のマリーナを出発したら、浦安レーダー局沖から風の塔を右手に見て第一海堡を目指し、その後、竹岡、金谷、浮島、富浦と房総半島側を抜けて館山へと向かうことにします。翌日は、館山から真っ直ぐ三崎港に向かい、剱埼、観音埼、八景島、本牧と、三浦半島側を抜けて風の塔から浦安を目指します。15ページで紹介したように、それぞれのコースの方位や距離を確認したら、その数値を鉛筆で海図に記入しましょう。

　目的地と予定コースを決めたら、次にチェックポイントと避難港を検討します。今回のコースでは、南寄りの風が吹きやすい季節になると、富津岬と観音埼を結ぶ線の手前と向こうで海況が異なることがあります。さらに金谷を越えると、外洋からのうねりの影響を受けるので、この辺りでも状況を

東京湾のシュミレーションコース

- このあたりには三枚洲と呼ばれる浅瀬が広がっている。周囲の立標を視認し、細心の注意を払いながら航行する
- 湾口から向かうときも湾奥から向かうときも、風の塔を右手に見て航行する。風の塔の周辺には錨泊している本船が多いので注意する
- 中ノ瀬航路に誤って侵入しないよう注意。出口にあたる8番ブイからは十分に離れて航行する
- 第一海堡手前には季節によって大きな定置網が入る。富津岬と第一海堡のあいだには絶対に立ち入らない
- 浦賀水道航路。第二海堡と第三海堡のあいだは航路出入横断禁止となっている
- 浦賀航路に入り込まないように航路ブイの位置を常に確認しておく。この周辺には遊漁船も多いので注意する
- 明鐘岬、保田沖、浮島などには大きな定置網があるので十分に岸から離れて航行する
- 東京湾に出入りする大型船の往来が多いので行き会いに注意する

航海用電子海図（Chart Viewer）をもとに作成

航海機器の活用例

旧江戸川河口　　　中ノ瀬航路D灯浮標　　　風の塔

第一海堡　　　浦賀水道航路中央1番灯浮標　　　撤去作業中の第三海堡

保田沖から明鐘岬　　　富浦沖西方位標識　　　館山港

判断する必要があります。これらの場所がチェックポイントとなるわけです。

　次に避難港ですが、千葉県側にはなかなか適当なところがないのが悩みです。特に南西の風が吹くと波が港に打ち寄せ、入港が困難になります。しかも小さな港が多く、複数のプレジャーボートが長時間にわたって避泊するスペースもありません。そのなかでも、保田港は比較的停泊しやすい港といえるでしょう。

　一方、神奈川県側であれば、ベイサイドマリーナやシティーマリーナヴェラシスなど、大型のマリーナもあるので気が楽です。場合によってはこちらに逃げることも想定し、天候次第でコースを変更できるようにしておきましょう。

　このように予定コースが決まったら、GPSプロッターにウェイポイントなどを設定します。

LOG 2
東京湾湾奥から第一海堡へ

　それでは出港です。マリーナを出て旧江戸川を下りきると、葛西臨海公園前に三枚洲と呼ばれる

ナビゲーション大研究 COURSE6

LOG 2 護岸に囲まれた河川

ホームポートのIZUMIマリーンを出港し、旧江戸川の下流に向かっている。写真は旧江戸川と新中川の分岐点。レーダーには、護岸や橋のような構造物がこんな感じに表示される。コンクリートの護岸は強く表示され、ブラインドになっているところは空白で映る

LOG 2 旧江戸川河口付近

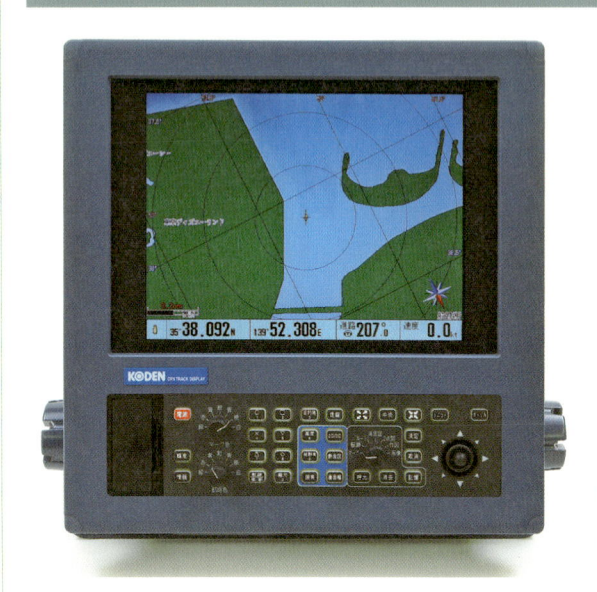

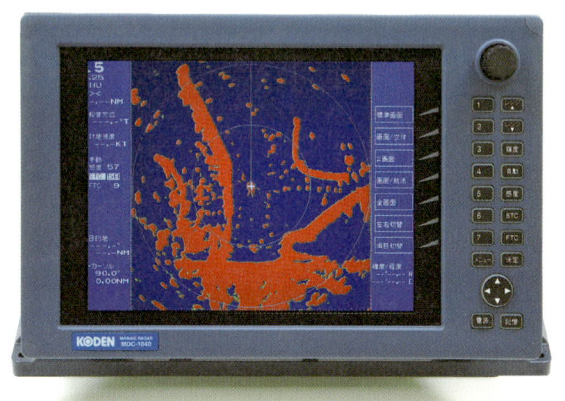

旧江戸川の河口付近にあるのが三枚洲とよばれる浅瀬地帯。周囲に浅瀬が広がっていて気を使うエリアだ。立ち並ぶブイや竹竿をガイドにして航行するが、一時的なものなのでGPSプロッターには表示されていない。しかしながらレーダーでは、このようなブイや竹竿がクッキリと映っている

浅瀬が広がっています。この浅瀬は沖合まで延びているため、乗り揚げ事故も多発しています。特に旧江戸川側の可航幅は最狭部で100mもないので、慣れていても注意が必要です。そこで誤って浅瀬に近づかないように、GPSプロッターの作図機能を使って三枚洲のエリアを枠線で囲みました。これなら航行中にほかのことに気を奪われていても、うっかり近づくことはありません。

しばらく走ると、東京港のシンボルである東京灯標や検疫錨地に停泊する本船が、進路方向の右手に見えてきました。このように航行上障害がある水域は、できるだけ避けてコース設定します。

航海機器の活用例

LOG 2 若洲沖から北方を望む

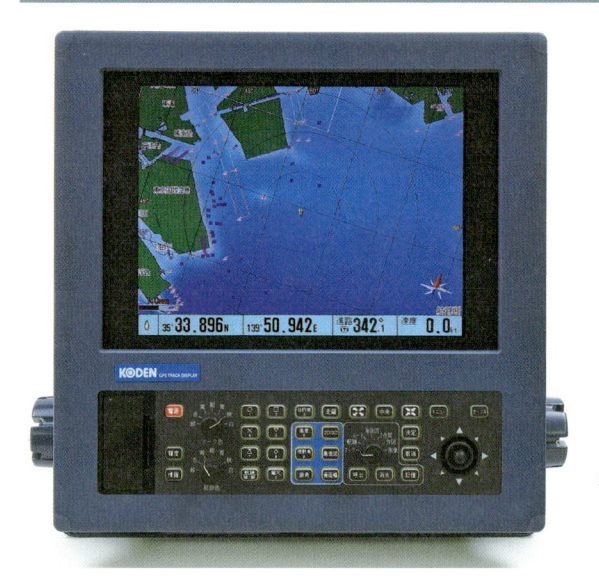

若洲沖から周りの状況を見たところ。GPSプロッターで簡単に自船位置がわかる。レーダーを見ると、コンクリートの護岸や防波堤などはくっきり、なだらかな海岸線などはボヤッと映っているのが確認できる。ちなみに10時方向に放射状に出ているエコーは、東京灯標のレーダービーコンを意味している

やむを得ず通過する場合は、GPSプロッターを使っていても見張りをおろそかにすることができません。特に東京湾のような船舶の輻輳海域では、自分のコースに固執することなく臨機応変に航行しましょう。

風の塔に到達したら、次のウェイポイントに向かって変針です。今回は浦賀水道の千葉県側を南下するので、第一海堡に針路をとります。しかし、その途中には中ノ瀬航路が控えているので、航路への侵入、逆航などには十分注意しなくてはなりません。そこで航路の出口付近から十分に離したところにウェイポイントを設定し、航路に入り込まないようにしました。

中ノ瀬航路脇のウェイポイントに近づくにつれて、あちらこちらにブイが見えてきます。海図を見ると、半径2マイルほどのなかに数多くのブイが記載されています。視界がよければまだしも、霧や雨で見通しが悪かったり夜間の航行では、どれがどの航路のブイだといえるでしょうか？ もしGPSプロッターがなかったら、正直なところ私にも自信がありません。

LOG 3
第一海堡から金谷沖まで

第一海堡と第二海堡のあいだにある、次のウェイポイントが近づいてきました。第一海堡と第二海堡の間を目指しているつもりが、第一海堡と富津岬のあいだにある浅瀬に向かっていたということのないように、ウェイポイントを確実に設定しましょう。GPSプロッターをしっかり見ていれば、こんな初歩的な間違いをする心配はありません。第一海堡を十分に離して、左手に回り込みます。

ここから、浦賀水道航路沿いを走ります。浦賀水道航路は途中で折れ曲がるように設定されているため、第一海堡から東京湾口に向けて直線コースをとると航路に侵入してしまいます。そこで浦賀水道航路4番灯浮標の脇にウェイポイントを設定し、大きく迂回するコースを設定しました。

第一海堡を過ぎ、航路沿いに南下していくと対岸の観音埼がすぐ目の前に見えてきます。GPSプロッターにカーソルを表示して観音埼に合わせると、方位は230度、距離はわずか1.8マイルしかあ

ナビゲーション大研究 COURSE6

りません。広い東京湾ですが、場所によっては本当に狭いものですね。こういった狭い水域では、ちょっとした測定誤差が大きく影響してくるので気を使います。まして視界が悪いとなると、自船の位置を確認しにくく、少しの油断で1マイル2マイルはすぐにズレてしまいます。こんなエリアこそ、GPSプロッターが威力を発揮するのです。

途中、漁網や遊漁船の群れを避けながら4番灯浮標を越えたら、針路を180度として浦賀水道航路の出入り口にある2番灯浮標を目指します。この先は特に目標となるものもなく、前方右斜めに外洋が開けています。南西の風が強いときは外洋からの

LOG 3 東京湾横断道路　風の塔付近

東京湾横断道路にある風の塔を通り過ぎたところ。レーダー画面を見ると、この構造物がすぐ右下直近に映っている。一方、9時半くらいの方向には海ほたるから千葉側に伸びる横断橋の反応がある。レーダーの場合、近い物標は小さくシャープに、遠くの物標は円弧状に引き延ばされて大きく映る

LOG 3 中ノ瀬航路脇

中ノ瀬航路と木更津航路のあいだを南下しているところ。周りには多くのブイがある。中ノ瀬航路に侵入・逆航しないよう、細心の注意が必要となる。レーダー画面を見ると、航路ブイが規則正しく並んでいるのがわかる。4時方向に見える放射状のエコーは、中ノ瀬航路D灯浮標のビーコンだ

航海機器の活用例

波浪が打ち寄せてかなり走りにくくなるので、この辺りもチェックポイントのひとつとなります。

このように航路沿いのコースを走る場合は、航路への侵入を避けながら航行していきます。各ブイの脇にウェイポイントを設定し、確実にトレースするようにしましょう。

LOG 4 金谷沖から館山港まで

浦賀水道航路2番灯浮標を越えて金谷を過ぎると、明鐘岬沖に大きな定置網があります。そこで陸に寄りすぎないように洲埼先端を目指し、やや沖

LOG 3 第一海堡付近

第一海堡付近では、富津岬と第一海堡のあいだに侵入しないように細心の注意が必要となる。レーダー画面で見ると左手に富津岬が延びている。進路正面の左右に見える大きなエコーは、第一海堡と第二海堡。2時方向の放射状のエコーは浦賀水道航路中央6番灯浮標を意味する

LOG 3 第二海堡から浦賀水道航路

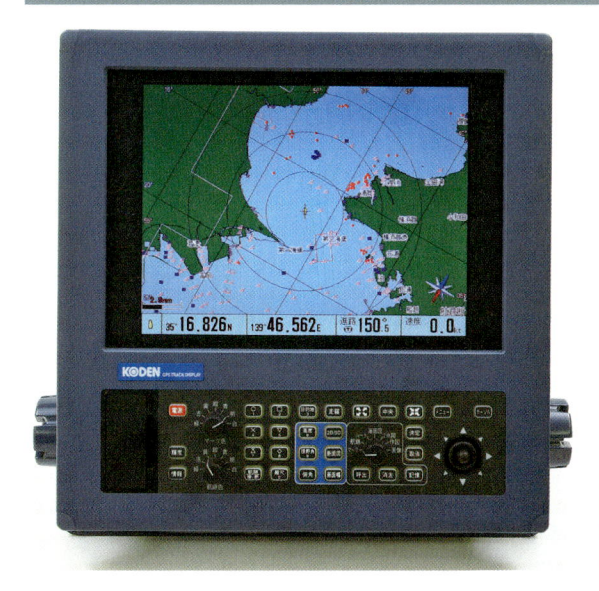

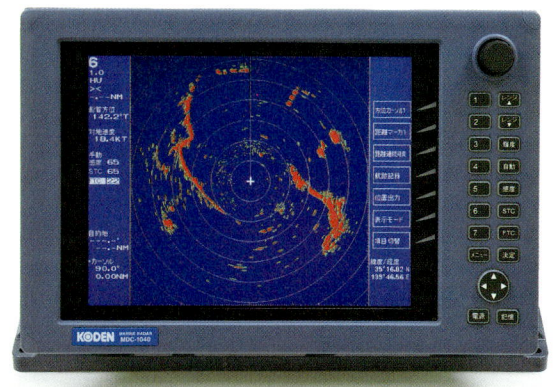

第二海堡を過ぎて、浦賀水道航路沿いを南下する。東京湾でもこの周辺は非常に狭いことがわかる。レーダーで周囲の地形を見ると、左手には富津岬から竹岡までが、右手には観音埼から横須賀の辺りが映っているが、自船のブラインドになっている部分は映っていないことが読み取れる

ナビゲーション大研究 COURSE6

出しして進みました。今回の予定コースは、2番灯浮標ギリギリに寄って、そのまま真っ直ぐ180度で南下するという設定になっています。金谷港周辺では、三浦半島の久里浜から房総の金谷まで、東京湾を横断する定期船（東京湾フェリー）がかなりのスピードで行き来しているので、微妙な位置関係とならないように注意しなければなりません。

浮島から富浦までのあいだには暗岩が沢山あり、プレジャーボートにとっても危険な水域です。この周辺を走るときは、明鐘岬沖から富浦沖西方位標識を結ぶ線の陸側には絶対に近づかないようにしましょう。

LOG 4　金谷沖から明鐘岬付近

浦賀水道航路を過ぎて金谷沖に差しかかったところ。明鐘岬の沖には大きな定置網があるので決して陸に近づいてはならない。レーダー画面を見ると金谷から保田にかけての地形がよくわかる。こういった地形を見ながらボートを走らせるのがレーダーナビゲーションの基本となる

LOG 4　浮島から岩井沖付近

浮島を過ぎて岩井沖にさしかかったところ。この左側には定置網や暗岩がいたるところにあるので、岸に近寄って航行するのは厳禁だ。レーダー画面では、勝山の西ケ埼、富浦湾を形成する南無谷埼、大房岬が顕著なエコーとして確認できる。また、西ケ埼の沖合には浮島の反応も表示されている

航海機器の活用例

　大房岬を越えたら、いよいよこの航程も終盤となります。館山港まではもう目と鼻の先ですが油断は禁物。大房岬周辺の水域は暗岩が多く、すぐに館山港に向かうと危険です。これは館山湾の対岸にある船形港に入港するときも同様ですが、そのまま真っ直ぐ進んで館山湾の中央に達するまで湾の奥に向かってはいけません。

　館山港の防波堤に向かって進むと、ディンギーや手漕ぎボートが数多く浮かんでいることがあります。できるだけ曳き波を立てないようにしながら、静かに向かいましょう。館山港に入港したら、もう一度、潮汐の確認をしておきます。夜間、潮が引い

LOG 4　大房岬沖から館山湾へ

大房岬を超えて館山湾方向に針路を左に変えたところ。すぐ左手に大房岬のエコー、10時ぐらいの方向に館山海水浴場の海岸線が続き、向こう正面やや左手に陸上自衛隊館山駐屯地の護岸が見えている。右手に広がるのは洲埼。この周辺では大房岬側に寄りすぎないようにして航行する

LOG 4　館山港入港

館山港入港直前の状態。防波堤の状況などがGPSプロッターの画面を見るとよくわかる。ただし防波堤などは変わっている可能性もあるので過信は禁物。入港時の見張りは厳重に。レーダー画像を見ると、防波堤の突起などがよくわかるので、視界不良でも安心して入港できる

ナビゲーション大研究 COURSE6

久里浜と金谷を結ぶ東京湾フェリー。このような大型船がかなりのスピードで横断しているので、微妙な位置関係にならないように注意する

港内では、停泊させてもらっているという意識を持ちましょう。ゴミを捨てる、夜中まで騒ぐ、船内のトイレを使って汚物を船外に排出するなどの行為は厳禁です。また、停泊中は操船できるメンバーを残し、ボートが無人にならないようにしましょう。

LOG 5
館山港から三崎港へ

翌日は、館山港から三崎港に向けて出発です。三崎はマグロ漁業で有名なエリア。普段は味わえないような海の珍味を味わうこともできます。

館山港の先には外洋が広がっています。大島などに向かう場合は、いったん沖出ししてから変針しましょう。館山から大島までは、距離が短いとはいえやはり外洋です。途中に逃げ込める港もなく、航行する船舶の数も多くありません。機関故障など起こしたら、そのまま黒潮に乗って漂流してしまう可能性もあるのです。できれば2艇以上で行動するか、少なくとも確実な通信手段を用意しておきましょう。また、最近は館山から大島までの水域であれば、ほとんどの場所で携帯電話が通じます。携

てボートが宙吊りになってしまったり、逆に潮が上がってフェンダーが抜けてしまったりしては大変ですからね。

ここから外洋に向かう場合は、翌日のレグに備えて給油を済ませておきましょう。途中で引き返すことになったり、ほかの港に避港したりするときのことを考えて、外洋を走るときは必ず燃料の補給をしておきます。これは安全にクルージングをするための鉄則です。ただし、今回は次の寄港地に予定している三崎港まですぐの距離ですから、そちらで給油することにしました。

東航路の防波堤手前、三崎港入港直前の風景。正面には美しい城ヶ島大橋が見える。手前には左舷標識と右舷標識が設置されている

航海機器の活用例

帯電話は防水ケースに入れて手元に置き、すぐに連絡できるようにしておきましょう。

一方、館山港から三崎港までのコースは、東京湾をはさんで反対側に位置しますが、それほど距離は長くありません。沖出ししたあとは、ほぼ一直線で航行できます。ナビゲーションの面では非常に楽なコースといえるでしょう。ただし、本船の常用コースを横断することになるので、かなりの頻度で本船と行き交います。外洋を航行中の本船は、遅いように見えて意外とスピードがでています。微妙な位置関係にならないように、早め早めに避けるようにしましょう。

LOG 5 東京湾口から剱埼方面を望む

館山港から三崎港へと東京湾口を横切っているところ。ちょうど真ん中あたりを航行中。あと6マイルぐらいだ。レーダー画像では、正面やや右手の岬の突端から自艇に向かって、放射状に伸びてくる剱埼灯台のレーマークビーコンが見える

LOG 5 三崎港 東航路付近

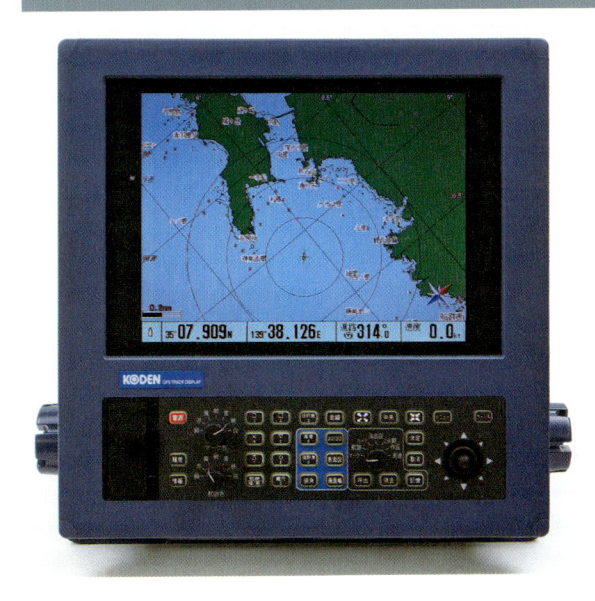

三崎港東航路の詳細画面。進行方向やや左手には左舷標識が見える。レーダー画像でも正面やや左に左舷ブイが見える。ここも右手に定置網が広がっているので、陸に寄りすぎないようにして、推奨針路で入港する

ナビゲーション大研究 COURSE6

LOG 5 三崎港から大島を望む

三崎港を出港したところ。大島が映るくらい広いレンジで画面を表示している。これをみると全体の位置関係がよくわかる。レーダーでは2時方向に見える大きなエコーが伊豆大島。正面やや左手が洲崎の先端、4時くらいの方向には真鶴が映っている

　三崎港の入港は西航路と東航路がありますが、今回は東航路から入ることにします。ここも両サイドに暗岩や網などがあるので、プレジャーボート・小型船用港湾案内にある入港針路をとるのが賢明です。

　三崎港に入港するときは、城ヶ島に近づきすぎないように注意します。十分に離した位置から推奨入港針路298度（真方位）で真っ直ぐ進入しましょう。防波堤を越えて城ヶ島大橋をくぐったら、右手に見える突堤を回り込みます。そこがビジターバースになっていて、プレジャーボートが着岸できます。ディーゼル艇であれば、その手前の本船用岸壁で給油することも可能です。ここは大変人気のあるスポットなので、混雑する日は事前に着岸の可否を確認しておくとよいでしょう。ちなみに今回のクルージングでは、ここで給油をして昼食をとりました。

LOG 6
三崎港から観音埼まで

　いよいよ、ホームポートまでの最終段階です。三崎港は大変広いですが港内ではデッドスローでの航行を心がけてください。東航路から出港しますが、出てすぐに剱埼方向に針路をとってはいけません。ここには五郎兵衛瀬という根があり、そこの沖合に大きな定置網がいくつも設置されているからです。

　出港してしばらくは、118度（真方位）の針路で直進します。周囲に目標がなくて変針するタイミングがとりにくいのですが、剱埼灯台が38度（真方位）に見えるようになったところで、剱埼沖の吉野瀬に向かって変針しました。ここでも剱埼に寄りすぎる

海獺島周辺には暗岩が数多くある。付近を航行するときは注意が必要だ

航海機器の活用例

と暗岩や返し波に翻弄されるので、十分に岸から離れて通過しましょう。

ここから、浦賀水道航路と観音埼の狭い水域に向かいますが、剱埼沖から観音埼をかわすポイントまでダイレクトに針路をとるのは危険です。特に、剱埼をギリギリでかわした場合は要注意。その先

の久里浜沖に海獺(あしか)島という小さな島があり、周辺には暗岩が所狭しと散らばっています。

海獺島と久里浜港のあいだには、横須賀火力発電所の防波堤が沖合まで延びていますが、その頂が低いため、満潮時や荒天時は区別しにくくなっています。この防波堤と島のあいだの可航幅は

LOG 6 金田湾沖から久里浜を望む

金田湾沖を久里浜沖の海鹿島に向かって進んでいるところ。レーダーの画面には、三浦海岸の海岸線や久里浜の火力発電所の護岸などが映っている。それにしても、この日は船の数が多い。画面を見ると、真正面に遊漁船の群れがズラッと並んでいるのがわかる

LOG 6 観音埼と浦賀水道航路

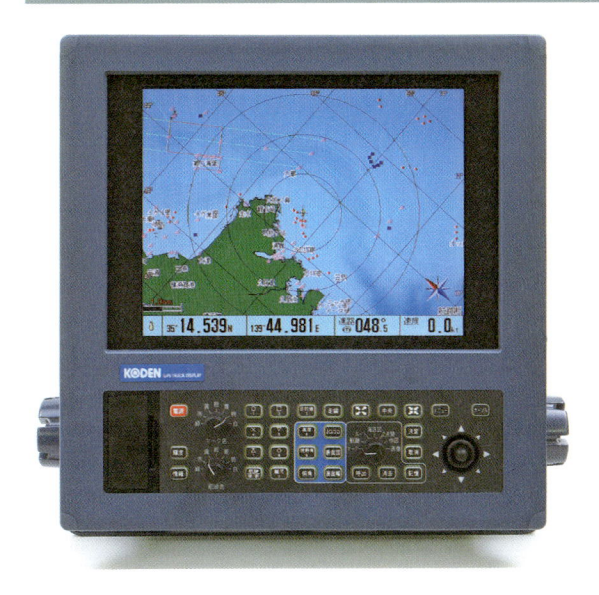

香山根を過ぎて観音埼をかわすべく、浦賀水道航路3番灯浮標方向に進む。このあたりは可航幅が非常に狭く、手漕ぎボートを含め、釣り船が数多く出船しているので注意が必要だ。レーダーの画面でも浦賀水道航路のブイのほか、数多くの船舶が映っている

ナビゲーション大研究 COURSE6

500m程度。特に気象条件の厳しいときは危険ですから、大きく迂回する習慣をつけるようにしましょう。剱埼方面からだと、浦賀水道航路1番灯浮標と笠島東方位標識の中間を狙って針路をとるのが正解です。必ずここにウェイポイントを設定し、危険な水域に近づかないようにしてください。なお、久里浜港周辺はフェリーがかなりのスピードで横切っているので注意しましょう。

浦賀水道航路1番灯浮標を通過したら、航路の脇を直進します。観音埼と航路のあいだは幅が狭く、暗礁や第三海堡など、航行上の支障となるような障害物が周囲にたくさんあります。航路侵入や逆航にも気をつけなくてはいけません。GPSプロッターで船位の確認を念入りに行ないましょう。

観音埼灯台を大きく見上げるころには、左右にブイや行き交う本船、釣りを楽しむ遊漁船、プレジャーボートなどが次々に現れてきます。密集水域に入り込まないように、GPSプロッターの画面だけでなく周囲の状況もよく観察しましょう。

LOG 7
観音埼〜横浜港〜湾奥へ

観音埼を過ぎたら、大きく左に転舵し、次のウェイポイントに針路をとります。ともすると、遠くに見えるランドマークタワーに吸い寄せられるように針路をとってしまいがちですが、そうなると航路に迷い込んでしまいます。逆に航路に気を使いすぎて左に逃げると、猿島周辺の暗礁地帯に踏み込んでしまうことにもなりかねません。

目標となるのは八景島沖にある沖ノ根灯浮標ですが、観音埼からは5マイル以上の距離があるので、灯標を視認するのは不可能です。必ずウェイポイントを設定し、GPSプロッターを確認しながら航行しましょう。

しばらくすると、撤去工事中(平成19年3月31日工事完了予定)の第三海堡、その向こうには第二海堡や富津岬が見えてきます。この第三海堡と第二海堡のあいだのエリアは横断禁止となっているの

観音埼灯台と東京湾海上交通安全センター。この付近は遊漁船が多く、とりうる可航域も狭い

航海機器の活用例

で注意しましょう。

　第三海堡を過ぎて左手に猿島が見えてくると、周囲がだいぶ開けてきます。浦賀水道航路5番灯浮標を越えれば、航路も終わりです。だたし、ここから真っ直ぐ湾奥に向けると、中ノ瀬を回る本船が行き交うエリアに入り込んでしまいます。このた

め、大きく本牧方面に迂回して航行しましょう。平成9年に発生したタンカー事故の影響で中ノ瀬西側の海域に灯浮標が設置されてからというもの、本船が大きく中ノ瀬を迂回するようになったため、かなり本牧側に近づいて航行しないと本船と行き会って危険なのです。GPSプロッターには、中ノ瀬

LOG 7　第三海堡付近

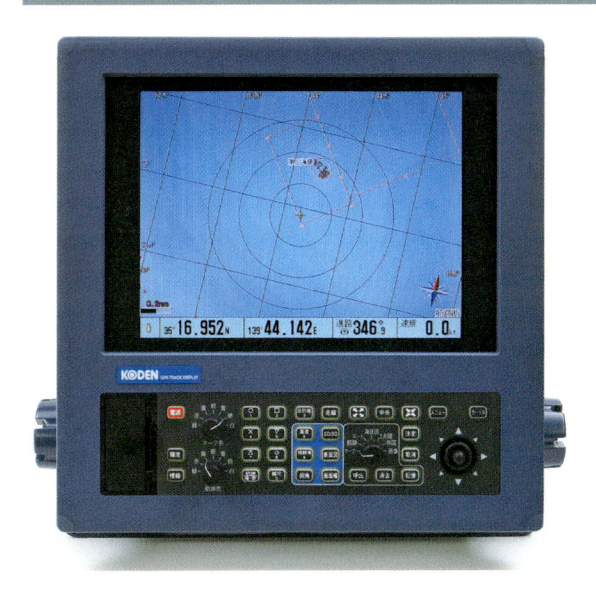

撤去工事作業が進められている第三海堡。GPSプロッターを見ると、工事区画を示すラインが表示されているのがわかる。一方のレーダーには、工事エリアの四周を囲むブイと、その中央にある2隻の大型クレーン船が画面上に表示されている

LOG 7　本牧沖から中の瀬付近

本牧沖に差しかかったところ。右手には浅瀬が広がっているため、本船が迂回できるようにブイが並んでいる。おびただしいほどのエコーがレーダーに映り判別しにくいが、慣れればここからいろいろなことが読み取れるようになる。2時半くらいの方角にある放射状のエコーは中ノ瀬航路D灯浮標だ

ナビゲーション大研究 COURSE6

を大きく回りこむようにウェイポイントを設定しておきましょう。

　横浜港沖は中ノ瀬を回り込む本船航路を避けてウェイポイントを設定します。ウェイポイントの多いコースも、GPSプロッターがあれば安心できます。東京湾アクアラインの風の塔を過ぎれば、そろそろ終盤。羽田沖に近づくと東京灯標が見えてきます。

　いよいよ、ファイナルアプローチ。ホームポートを目前にしてつい早く早くと心がはやりますが、ここで直進すると三枚洲に広がる浅瀬の餌食になります。こういうアプローチの難しいところでは、自分流のイニシャルポイント（IP）をGPSプロッター

LOG 7　風の塔付近を湾奥に進む

風の塔の手前を湾奥に向かって航行している。レーダーでは風の塔やその向こう側に停泊する本船の群れ、右手には海ほたると東京湾横断橋が続いている。往路で紹介した海ほたる周辺のレーダー画像と見比べてみると、状況がずいぶん異なっているのがわかる

LOG 7　三枚洲沖

浦安に近づきファイナルアプローチ。往路でも紹介したように、この周辺には三枚洲の浅瀬が広がっているが、GPSプロッターには浅瀬を示すブイは表示されていない。一方、レーダーの画面表示には三枚洲を囲む立標が規則正しく並んでいるのが見える

航海機器の活用例

に設定しておいて、そのポイントを目標にするとよいでしょう。私の場合、三枚洲を十分に離したところにイニシャルポイントを設定し、必ずそこを通ってから狭水路に入るようにしています。

*

以上、クルージングシミュレーションいかがでしたでしょうか？　しっかりとした航海計画を立て、GPSプロッターにコースを入れておけば、ナビゲーションに迷うことはありません。機会をみて、それぞれのゲレンデで泊りがけのクルージングにチャレンジしてみてください。でも、決して無理は禁物ですよ、無理は。

LOG 7　旧江戸川へのアプローチ

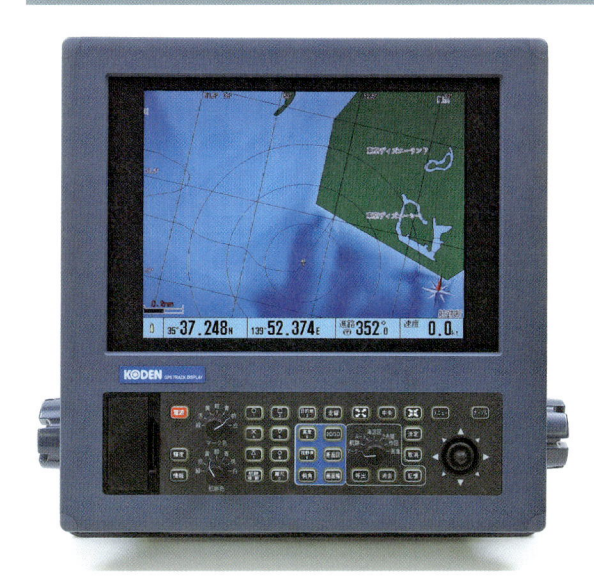

東京ディズニーランドの角の護岸を目指して、最狭部に差しかかったところ。このような危険区域にはGPSプロッターの作図機能やマーク機能を使って、うっかり入りこむことのないようにしておく。レーダーには点々と竹竿が並んでいるのが見えるが、最狭部は非常に狭くなっている

LOG 7　旧江戸川と橋梁

無事、旧江戸川に入ってホッと一息。マリーナへ向けて川上に向かっていく。レーダー画面に強く映っているのは橋の反応。レーダーは物標を平面的に表示するので、残念ながら橋脚は映らない。橋を通過するときはぶつからないように注意しなければならない

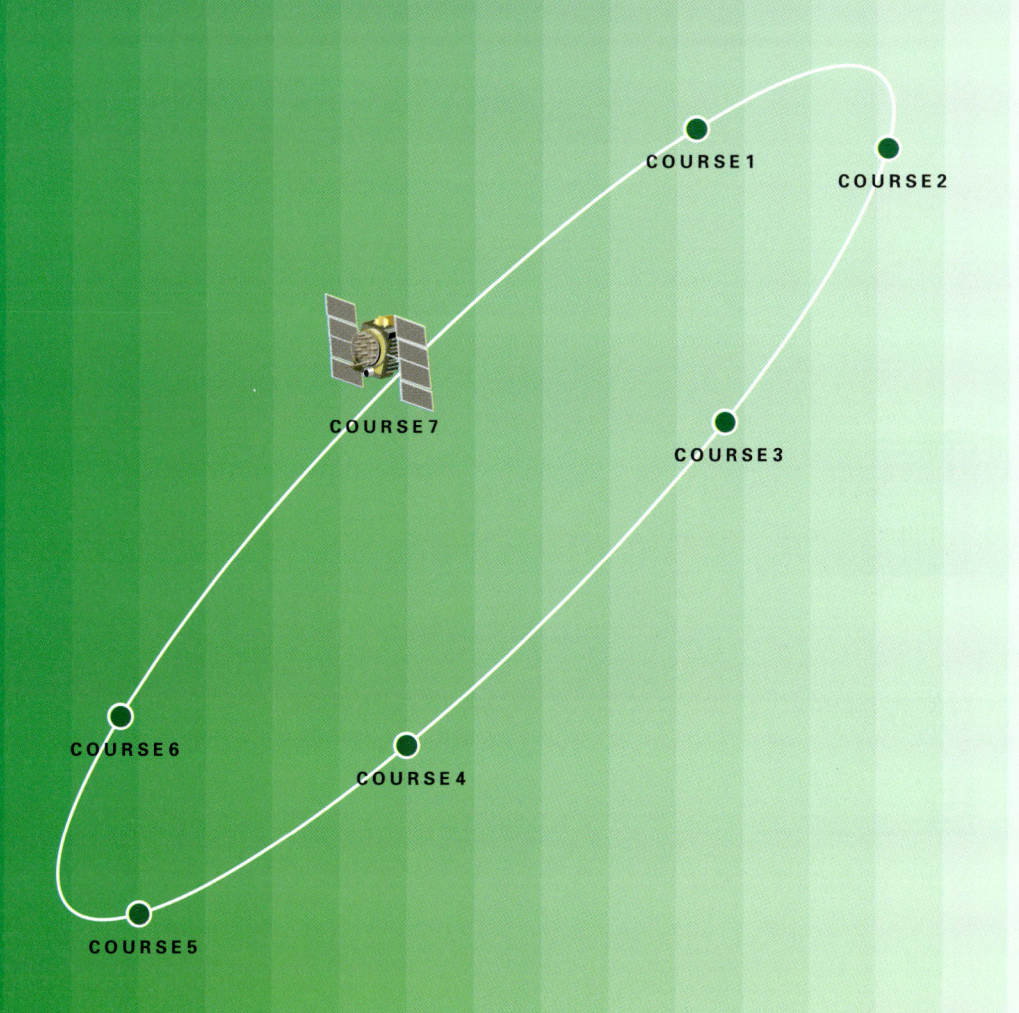

ナビゲーション大研究 COURSE7
長距離航海の軌跡
山口県から横浜まで600マイルの旅

最後の章では、山口県から横浜までパワーボートを回航したときの様子を紹介しながら、長距離航海のナビゲーションについて考えてみたい。このような場合、一番問題となるのが、寄港地の選定と燃料の確保。早めの給油を心がけながら、いかに無理のない航程を組めるかが重要なポイントとなる。

ナビゲーション大研究 COURSE7

LOG 1
徳山から仁尾マリーナへ

　山口県から横浜まで600マイルといえば、相当な距離です。車であっても嫌になっちゃうくらい。「ホントにこれを走れるのだろうか」というのが第一印象です。でも、やるからには全力で取り組まなければなりません。

　まずは海図が必要となります。徳山から下田まで、都合20枚ほどの海図を新たに購入しました。また、プレジャーボート・小型船用港湾案内も用意し、各港の入港針路を入念に調べなければなりません。

　今回のクルージングでは日程が4日以内と厳しく、瀬戸内海を出て太平洋に向かえば荒れた海況も予想されました。そのような条件のなか予定どおり東京までたどり着くには、どうしても2日目の朝には紀伊半島までは進んでおきたいところです。こんな思いもあって初日は当直制でオーバーナイトクルーズすることになりました。

　航海計画を立てるにあたって一番のポイントとなったのは、やはり給油地の設定です。まずは艇のパフォーマンスを考慮して、航続距離を見積りました。タンクは800リッター。220馬力2基がけのエンジンで、巡航時間あたり55〜60リットル程度だとすると、10時間ぐらいが安全圏となります。

　巡航スピード（3100回転程度）が21〜22ノット程度とすると、10時間で航行できるのがだいたい200〜230マイル程度。これが1レグの航行可能範囲となります。

　日中に給油を済ませることができて、しかも給油のためだけに遠回りはしたくない。でも海況次第で時間内にたどり着かない場合だって十分ありうる。こういうことを勘案しながら設定した給油地点が、香川の仁尾マリーナ、シータイガークルフィスポート、三重県の尾鷲港、同じく五ヶ所湾、下田、波浮港などでした。寄港や給油の可否の問い合わせ

航行上の難所となる来島海峡

LOG 1　　　　航海用電子海図（Chart Viewer）をもとに作成

ロングクルージングの基点となる山口県周南市のマリーナシーホース

このあたりから、来島海峡大橋が見えてきた。海峡の最狭部が近づくにつれて、潮流の影響で対地速度が徐々に落ちてきた

夕日を浴びながら、一路仁尾マリーナへ。営業時間に間に合わせるため、ひたすら走り続ける

最初の寄港地である香川県三豊市の仁尾マリーナ。すぐに給油して次のレグの夜間航行に備える

右を見ても左を見ても美しい島々が広がっている。水もきれいで文句なしのクルージングスポットだった

など、事前に何度も電話しました。

いよいよ出発当日。荷物の積み込みやチェックなどには、十分な時間をかけました。

最初のレグは、徳山湾のマリーナシーホースから香川にある仁尾マリーナまでです。そこで給油して、そのまま夜間航行に入るので、マリーナの営業時間内に何としてもたどり着かなければなりません。

マリーナシーホースを12：30に出発。私にとって初めて体験する瀬戸内海ですが、海図で見て想像するよりもずっと広いという印象を受けました。場所によっては水平線が見えるほど広いのです。また、岸より1マイルも沖出しすれば、まったくといってよいほど障害物がありません。

さらに海の美しさも印象的でした。島がたくさんあり、入り江もきれい。釣りをするにもクルージングするにもことかきません。東京湾で育った私にとって、印象に残る風景でした。身にしみて感じたのが、浮遊物の少なさ。出航より日暮れまで走って、ゴミらしきゴミが見当たらないのです。さらに、波の素直さには感動しました。マリーナのスタッフが言うには、「今日は荒れている」とのことでしたが、三角波らしきものは見あたりません。これからの快適な航海を約束してくれるような、幸先のよいスタートを切ったのです。

そんな穏やかさのなか、緊迫感が迫る航路に入りはじめました。激流で有名な来島海峡航路です。航海計画を立てるときも、この潮流には神経を使いました。何しろ「潮流の激しいときは通過できないよ」と脅されていたからです。当日の来島海峡は、逆流方向に4ノットの潮流がありました。

近づくにつれて、波が変化をはじめます。潮目に近づくたびに、渦や三角波が立っていました。海自体が、川のようにかなりの流れを持っているのがわかります。4ノットでこれですから、11ノットの潮流がある鳴門海峡では、大渦巻きができるはずです。

来島海峡の潮流信号所が視界に入り始めると、クルー一同、初めての海峡通過に興奮気味です。本四連絡橋を越え海峡の最狭部に近づくにつれて、23ノットを指していたGPSプロッターの表示が19ノットになっています。対地速度が落ちているのです。潮流は最大では9ノットになるというから、本船やヨットなどではかなり気を使わなければなりません。しかし20ノットも出せるパワーボートなら、当日ぐらいの流れであれば、ほとんど問題はなさそうな感触でした。

来島海峡を抜け、走りに走ります。夕暮れが近づいてきたので、スロットルをどんどん押し込んでいきました。目指す仁尾マリーナに到着したのは、4時を少し過ぎたころ。早速、夜間航行に備えて、満タンになるまで給油しました。ここでの給油量が今後の航続距離を測るひとつの目安になるので、ドキドキしながらメーターを確認します。結果は380リットル。航続距離は十分あることがわかり、胸をなでおろしました。

LOG 2
仁尾マリーナから和歌山へ

給油を終え、いよいよ夜間航行です。今夜のうちに、なんとしても紀伊半島にたどり着きたい。しかし初めての艇、初めての場所です。しかも行く手にあるのは、船舶輻輳海域として知られる備讃瀬戸航路。その先には鳴門海峡、明石海峡が待っています。こんなところを夜間航行で走ってよいものか。もちろん事前に色々な角度から研究しました。最終的に「昼間に走った感触で手放し運転ができるほど、海の状態が穏やかだったらやってみよう。瀬戸内海のルートはすべて本船航路を走る予定だから、網の心配はない。レーダーワッチ、肉眼ワッチ、操船と手分けをすれば夜間航海は可能」というのが私の判断でした。

ご存知の通り、瀬戸内海には航路がいくつもあ

ナビゲーション大研究 COURSE7

LOG 2　　　　　　　　　　　　　　　　　　　　　　　　航海用電子海図（Chart Viewer）をもとに作成

- 出港してすぐに備讃瀬戸南航路に入る。光の架け橋、本州・四国連絡橋が見えてきた。12ノットの制限速度を守って徐行する
- 播磨灘に出るとかなり荒れてきた。我慢、我慢の航行が続く
- 明石海峡大橋が見えてきた。美しさに思わず見とれてしまう
- 大阪湾に入ると風裏で鏡のような水面になった
- 夕刻に仁尾マリーナを出港。何度経験しても、この時間帯に海に出るのは心細いものだ

ります。本船に混じって夜間にそこを走り抜ける。それだけでもなかなかスリルがありました。

　17：00、日没の仁尾マリーナをあとにして、本船航路までは入港ルートを逆にたどって戻ります。本船航路に出るまでに、どんどん暗くなってきました。この日没時というのが、いつも一番不安をかき立てられます。しかも真向かいから風を受けて、かなり叩かれました。

　本船航路に入ってからは、近くにある市街地で周囲が明るくなっていて、見通しもききます。また、航路ブイもしっかりしているので座礁や網の心配もなく、順調に進むことができました。すぐに備讃瀬戸南航路に入り、本船の往来するなかを走っていきます。

　20：30、12ノットの速度制限区域に入り、備讃瀬戸海上交通センター（備讃マーチス）の指示を耳にしながら瀬戸大橋に臨みました。はるか彼方の水平線がボ〜ッと黄色く光っていたかと思うと、だんだん光の列になり、それが夜空に浮かび上がる光の架け橋に姿を変える素晴らしい眺めです。レーダーにもくっきりとその姿が一直線に浮かび上がり、思わず「お〜」っという叫び声が上がりました。

　瀬戸大橋を過ぎるころ、マリンVHFの16チャンネルから「備讃瀬戸東航路宇高西航路交差点に小型船舶が航行中、各船注意されたし」というメッセージが流れてきます。「ん？　俺達のことか？」と、一同、改めて気を引き締めました。

　備讃瀬戸東航路を抜けて速度制限がなくなったので、17ノットで快調に飛ばしていきます。本来なら、紀伊半島を回るためには鳴門海峡を通るのが近道。しかし事前のコース検討段階で海図を見ると、潮流の影響がかなりあるようです。ちょうど転流時に通過すればよいですが、今回はタイミングが悪いので、さすがに夜間に抜けようとは思いませんでした。そこで少し遠回りになりますが、はるか右手に鳴門海峡大橋の灯りを見つつ、播磨灘の真ん中を明石海峡に向けてひた走りに走ります。ちょうど淡路島を時計周りに回り込むのです。

　周囲に明かりもなくなり、かなり暗くなってきました。しかも西風が強くなり、ずいぶん荒れています。我慢、我慢の2時間が過ぎると、ようやく遠くに神戸の夜景が見えてきました。

　明石海峡に近づくと、風が遮られて走りやすくなってきました。しかしながら、潮流が激しくなり、あちらこちらに潮目や渦が見えます。しかし明石海峡大橋のきれいなこと。スケールでは瀬戸大橋に譲りますが、その細かなライティングの美しさはこちらに軍配が上がります。時まさに24：00。橋をくぐろうとしたその瞬間、ライトが端から順にカウントダウンするように消えていきました。ライティ

長距離航海の軌跡

ングのフィナーレ、なかなか幻想的な光景でした。

　明石海峡航路を抜けると大阪湾です。今度は淡路島の風裏となり、鏡のような水面を切り裂きながら友ヶ島水道に向けて走ります。先ほどの遅れを取り戻すかのように、グイグイとスロットルを倒し込んでいきました。しかし、今夜はほぼ新月。曇天で星明かりも少なく、実に暗い海です。はるか左手に見える関空のライトが、ひときわ明るく輝いていました。

　前方左方向に友ヶ島灯台の強烈な光が見えはじめたころ、さすがに体力的にバテできたので、予定していた田辺マリーナへの入港を変更しようということになりました。無理は禁物ですからね。

　問題はどこに逃げるかです。当初は、淡路島の由良港に逃げ込むつもりでしたが、港の入り口には浅瀬が広がっています。暗夜のコース取りに不安があったため、和歌山側の和歌浦港に向かうこととしました。

　02:00、港の岸壁にもやいをとりました。ここまで来れたら100点満点。皆、後片づけもそうそうに深い眠りに落ちていきました。

LOG 3
潮岬を超えて熊野灘へ

　昨夜のうちに田辺までたどり着きたかったのですが、やはり一日で280マイルは無理でした。早朝、その遅れを取り戻すべく、一路、田辺を目指し紀州沖を快走します。幸い海は穏やか。朝凪のうちに潮岬を回りたい。ただひたすら走るだけです。

　和歌浦を出て紀伊水道を真っ直ぐ南下。左手にみかんで有名な有田市が見えます。日の岬を越えて御坊市の火力発電所の煙突を過ぎ、白浜を右手に見ながら田辺湾に向かって変針した直後、いきなり右舷エンジンのワーニングブザーが鳴り響きました。「すわっ、何事ぞ！」と駆け下りてみると、エキスパンジョンタンクから湯気が吹き出してオーバーヒートしています。エンジンを止めて点検すると、なんとベルト切れ。左舷エンジンだけで徐行しながら交換しました。やはり、予備パーツは積んでおくべきですね。

　20分ほどで交換を終え、紀伊の田辺港にあるシータイガークルフィスポートに入港しました。雑誌で見たのと同じで、とても素敵なところです。あと水のきれいなこと。こんなところでボーティングできたら、さぞ幸せなことだろうと感じました。

　給油を終え、予備ベルトを調達し、さあ出発です。給油量は当初の予想とぴったり。これなら今日はかなりのところまでいけます。これからは走

LOG 3　　航海用電子海図（Chart Viewer）をもとに作成

和歌浦港を夜明けとともに出港する

紀伊の田辺港にあるシータイガークルフィスポートに到着。給油をしたら再び沖合を目指す

日ノ御埼の沖は絶好の釣りポイント。周囲には遊漁船がたくさん浮かんでいた

和歌浦港を早朝に出航した

ナビゲーション大研究 COURSE7

れるだけ突っ走って、上手くすれば大王埼、それが無理でも尾鷲港、もし海が荒れても串本港まではたどり着きたいところです。出発の前日までは全国的に強風が吹き荒れ、潮岬沖は5～6mの波がありました。「場合によっては波待ちも止むなし」という決意のうえの出発です。

いよいよ太平洋を走ります。外洋に出ると、前々日まで荒れ狂っていたとは思えないほど穏やかな海でした。今まで経験したことがないというくらいの快適な走りです。風速は依然としてあるのですが、今朝から北東の風に変わったのでちょうど紀伊半島の風裏となり、陽光がきらきらと水面に輝くほどのグッドコンディションとなりました。

快走すること2時間、ついに見えました！　感激の本州最南端の潮岬です。ここは風向きによっては10m以上の波が立つこともあると聞いていたので、当日の天候は本当にラッキーだったといえます。潮岬を越えればかなり楽になるので、風が出ないうちにと走り続けました。

今回のレグは内航船のメインストリートだったため、ひっきりなしに本船と行き会います。追い越すときは、近づかないように航行しなければなりません。左手に潮岬の東側、紀伊大島を回り込んだところにある串本港への入り口が見えてきました。ここも暗岩が多くてアプローチが難しいところです。

潮岬を越えて、いよいよ熊野灘です。今まで風裏だったのが真向かいの風になり、波高が高くなってきました。派手なスプレーを上げながら突っ走ります。波長がちょうど艇長と合ってしまいガンガンと脳天に響く叩き方。でも、目指す大王埼へ向けて、スロットルを緩めずに突っ走りました。

最初はもっと荒れた海を予想していたので、尾鷲で給油する手配をしていました。しかし昨夜で燃料消費率がはっきりし、ここまで快調すぎるほど快調です。燃料はまだまだ心配ありません。それより心配だったのが、次の寄航予定地となっている志摩半島五ヶ所湾のマリーナへのアプローチ。養殖筏がそこかしこにあるため、夜間の入港は絶対にできないと釘をさされていたのです。

尾鷲に寄るとずいぶん遠回りになってしまいます。事前の問い合わせでは五ヶ所湾でも給油できると聞いていたので、そのまま向かってしまおうということになりました。しばらく走り、五ヶ所湾のマリーナにアプローチを確認がてら給油可能か尋ねると、なんと今日は休日なので給油できないという答え！　そうなると今日は大丈夫でも、明日の早朝分の燃料に困ってしまいます。しぶしぶ、給油のため尾鷲港に寄ることにしました。ところがここでまたトラブル！　五ヶ所湾に向かうつもりだったので、すでに尾鷲の給油先に断りの電話を入れてしまっていたのです。

「給油所は次の手配ができるまで断っちゃダメだよ～」といってもあとの祭り。休日なのに特別に待ってもらっていた尾鷲のスタンドも、スタンバイを解除してしまったので携帯に出ません（本当にごめんなさい）。「ヒェ～。燃料孤児になってしまう～」

それから太平洋上で電話攻勢が始まりました。あちこちに電話するものの、なかなか給油できる場所が見つかりません。マリーナ河芸や三河御津マリーナでは給油できることがわかりましたが、相当な遠回りになってしまいます。的矢湾でもまだ遠回りで、アプローチが難しい。「それならいっそのこと浜名湖だ！」ということになり、周辺のマリーナに片っ端から電話すると、スズキマリーナ浜名湖が快く給油、およびナイトステイを了承してくれました。そうと決まれば急げ急げです。つくづく、燃料は確実に給油できるまで安心できないと感じました。

LOG 4
熊野灘を抜けて浜名湖へ

はるか左手に大王埼を望みます。船上の騒ぎをよそに海はウソのように静かになってきました。ここはホントに太平洋上なのだろうか？　20マイ

長距離航海の軌跡

ルの沿海ぎりぎりを走っているのに、スロットル全開。GPSプロッターに29ノットから30ノットという艇速が表示されるなか、滑るように走っていきます。フライブリッジからだとそれほどでもないですが、コックピットに降りると、ものすごいスピードでした。

熊野灘に沈もうとする夕日がとてもきれいでしたが、夕日ばかりに目を奪われているわけにはいきません。現在の時刻15:00、日没16:40、スピード29ノット、残る距離は50マイル。現在のペースで日没ギリギリです。

空に星が瞬きはじめるころ、ぴったり予定時刻に浜名湖と遠州灘が接する今切口に着きました。出入りが難しいと聞いていた今切口ですが、今日は何と穏やかなこと。アプローチは全く心配ありません。ただ一つ閉口したのは、手漕ぎの釣り舟のような小さなボートが一面にいたこと。うっかりすると突っかけてしまいそうでした。

今切口を抜けて奥へ進もうとすると、またまたトラブル発生！ 何と東海道線の橋脚が足が深くて下をくぐれないのです。マリーナに電話してみると潮の引くのを待つしかないとのこと。ここにいたっては仕方ありません。丁重にお礼を言って、左に見える漁港にボートを向けました。

無事、漁港の岸壁に着いてエンジン停止。10時間ぶっ通しで働いてくれたエンジンに感謝です。でも燃料には参りました。走った具合からすると、まだ300リッターほどは残っていますが、とても波浮や下田までは届きそうもありません。明日の海況もわからず、お腹を空かした状態で外洋に出て行くのは無謀というものです。

無事に浜名湖の今切口に到着

LOG 4　　　　　　　　　　　　　航海用電子海図（Chart Viewer）をもとに作成

遠くに大王埼を見ながら、ひたすら浜名湖を目指す。浜名湖の今切口に到着したのは日没ギリギリだった

当初、給油を予定していた尾鷲港。順調な航海だったので寄航は取りやめにしたのだが……

本州最南端の潮岬をかわす。岬が見えてくるにつれて、やはり感激した

田辺港を出港。先日まで5メートル近い波が荒れ狂っていたとは思えないほど、穏やかな海だった

五ケ所湾のマリーナに給油の依頼をすると給油ができない。そこで時間的には厳しいが、浜名湖まで行くことに決定した。こうなると時間との勝負だ

ナビゲーション大研究 COURSE7

しばらくすると、漁協に停泊の確認に行っていたキャプテンから電話がかかってきました。「給油できるから艇を回して……」。いそいそとボートを動かしていくと、一人の漁師さんが待っていました。

「困っているときはお互いさま。給油してやるよ。停泊も問題ないからゆっくりしてきな」と夢のようなお言葉。580リッターほど給油させてもらいました。10時間以上も全開で走り続けたのに580リッター。ディーゼルは本当によく走ります。

漁師さんに「お礼にお酒でも」と差し出すと、どうしても受け取ってくれません。「俺が東京湾でエンコしたら曳航しておくれ」って。カッコよすぎです。こうした地元の方の暖かい人情に触れるのも、クルージングの醍醐味ですよね。

久しぶりに暖かい夕食を済ませ、ボートに戻って明日の天気を確認すると、まずまずのコンディションとのこと。ただ午後から南の風が吹くとの予報だったので、明日も早朝出発です。

LOG 5
浜名湖から大島へ

たっぷり食べ、たっぷり寝て、元気いっぱい。今日も午前中は穏やかな晴天が期待できそうです。夜明けとともに出港し、できるだけ距離を稼いでおきたいところ。悪くても下田、海況次第では大島波浮、うまくすると三崎港まで行けるかもしれません。東京湾に入ってしまえば、勝手知ったるホームグラウンドです。

夜明けと同時にシラス漁の船が一斉に出航します。フィッシングトーナメントのスタートシーンのようです。こちらも流れに飲まれるように走っていきました。

凪の遠州灘に入り、一路、石廊埼を目指します。水平線から昇る朝日がとてもきれいでした。しばらくすると、はるか左手前方に御前埼が見えてきます。ここも嫌な波が立つ難所と聞いていましたが、今日は神様に祈りが通じたかのように静かでした。

それでも御前埼沖まで来ると、嫌な波が立ってきました。天気に恵まれていてもこの状況だとす

神子元島と遊漁船の群れ

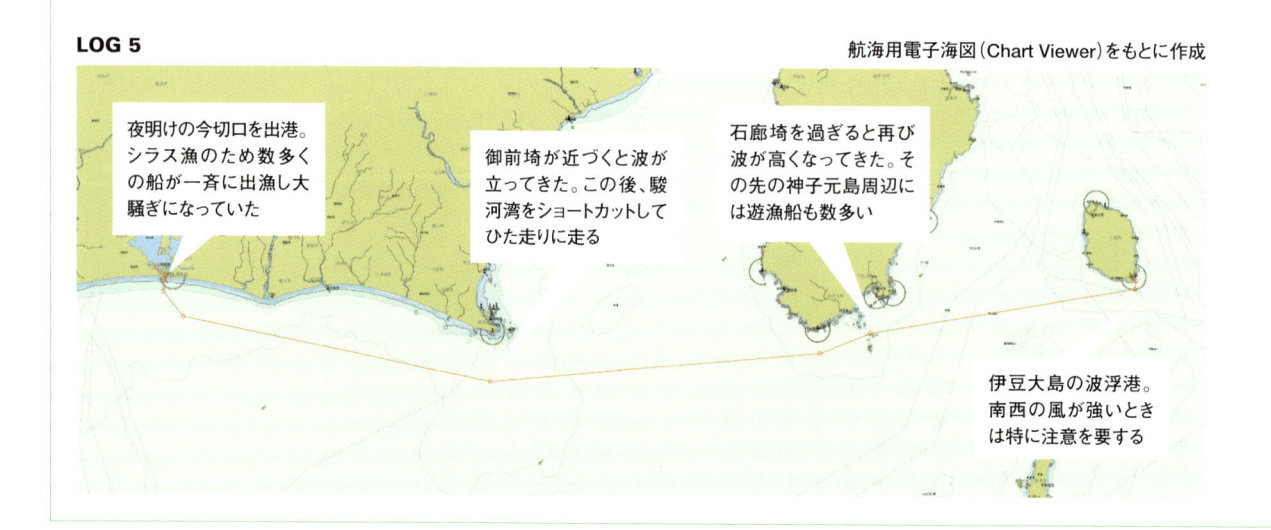

LOG 5 航海用電子海図（Chart Viewer）をもとに作成

夜明けの今切口を出港。シラス漁のため数多くの船が一斉に出漁し大騒ぎになっていた

御前埼が近づくと波が立ってきた。この後、駿河湾をショートカットしてひた走りに走る

石廊埼を過ぎると再び波が高くなってきた。その先の神子元島周辺には遊漁船も数多い

伊豆大島の波浮港。南西の風が強いときは特に注意を要する

ると、荒れたときは本当に注意が必要です。クルージングの計画を立てるときは、こういった航海上の難所は必ず事前にチェックしておいてください。

09:10、石廊埼を過ぎるとまた波が高くなってきました。ここも難所のひとつで、季節風が吹き荒れると黒潮とぶつかって相当に荒れるのだそうです。実は戦々恐々としていたのですが、この日はとても楽に通過できました。

やがて、神子元島と下田が見えてきました。このあいだの海域も暗岩が多く、指向灯が設置されているくらいの難所ですが、この日は視界がよく、特に危険は感じませんでした。

石廊埼を過ぎ、大島に向けて相模湾をひた走ります。「ここまでくれば自分の庭のようなもの」と自然と笑顔が浮かびました。 見えました！ 伊豆大島です！ 穏やかな海況に恵まれて、なんと3日目にして大島まで来てしまいました。波浮港に入港し、舫いをとって一休み。浜名湖から大島まで走り続けましたが、給油量はわずか300リッターでした。

LOG 6
大島から横浜へ

長かった航海もいよいよ終盤です。波浮港から三崎港を経由し、東京湾奥のマリーナまで一気に駆け抜けます。給油して一服していると、予報通り南風が吹きはじめたので早々に出航しました。波浮港を出たら、左にある舵掛根に近づかないように十分沖出ししてから左に転針します。筆島、風早埼などを左手に見つつ、大島を左回りに回り込み、一路、三崎港を目指しました。

12:30、三崎港の岸壁に舫いをとりました。昼食を終え、横浜の大黒埠頭へ。ここまで来れば自分の庭のようなものです。勢いに乗って突っ走りました。剱埼、観音埼などの危険地帯を大きく迂回し、八景島、本牧と過ぎていよいよ最終コーナー。横浜ベイブリッジの雄姿が、我々を出迎えていてくれるか

のようです。天気は快晴。最後まで天候に恵まれ、一生の思い出に残るクルージングとなりました。

LOG 7
クルージングを終えて

やはり600マイルは半端な距離ではありませんでしたが、自分なりにずいぶんと自信がつきました。今まで培ってきたナビゲーションについての知識や技術が、実際にどんな状況においても役に立つということがわかったからです。そういう意味で非常によい経験となりました。今後も慢心せず、自分の経験値を上げていきたいと思います。

また、今回のロングクルージングでは、自然の偉大さを改めて感じさせられました。ナビゲーションの基本は絶対に無理をしないこと。自分の都合に時間を合わせて航海計画を立てると、とんでもないことが起こるものです。自然を相手にするのですから、自然の都合に合わせなければなりません。このときのクルージングは、たまたま天候に恵まれていましたが、今後、ロングクルーズを計画するにあたっては、決して無理をしないでください。

この本の冒頭にも述べたように、ナビゲーションを学ぶということは、単に船に乗せられて走るのではなく、思ったコースを思った通りに航行するための、さまざまな知識を身に付けることを意味してます。適切な航海計画の作成から、艇上での船位の確認、障害物の避け方、気象海況の読み方、状況の変化に応じて必要とされる適切な判断。こういったものがひとつになって安全で楽しいクルージングができるのです。

誰しも最初からベテランになれるわけではありません。少しずつスキルを上げて、行動範囲を広げ、未知の遠い港を目指してください。正しいナビゲーションテクニック（広義にはシーマンシップ）を身につければ、きっと楽しいボートライフが待っているはずです。

BOOKS

舵社発行物ラインナップ●書籍

B5判／144頁（オールカラー）／定価2,940円（税込）
モーターボート入門講座（DVD付き）
海や湖で安全に小型ボートに乗るための50のポイント
舵社編集部 編

小型ボートを操船するために最低限必要とされる知識を、テーマ別に網羅したボートハンドリングの入門書。実践的なハンドリングのノウハウを、カラーイラスト、カラー写真、さらにはDVDの動画映像で分りやすく解説する。DVDビデオには、約25分の映像を収録。

A4判／160頁（オールカラー）／定価2,100円（税込）
新米ヨットマンのための
セーリングクルーザー虎の巻
高槻和宏 解説

外洋ヨットを安全に楽しむためには、セーリング・テクニック以外に覚えなければならないことが意外と多い。船の準備にはじまり、出入港、補助エンジン取り扱いや、メンテナンス等、多岐に渡っている。本書は、ビギナーセーラーを対象に、外洋ヨットを安全に楽しく運航するためのひととおりのノウハウを網羅している一冊。

A4変形横長判／96頁／定価2,100円（税込）
矢部洋一 写真集
海景──風をめぐる旅
矢部洋一 著

ヨットの優美さが見事に表現されるとともに、それを取り巻く自然（海、空、陽光……）の様々な姿が収められた写真集。とくに、太平洋横断航海に同乗して撮影した作品では、筆者がライフワークに掲げる「風を写す」というテーマを具現化してみせている。

四六判／128頁／定価1,890円（税込）
自分でする
船外機の安全整備
吉谷瑞雄 著

船外機のトラブルを未然に防ぐための整備方法を中心にまとめたハンドブック。不幸にして船外機のトラブルに遭遇した場合の対処法や関連知識を、図や写真でわかりやすく解説する。

四六判／160頁／定価945円（税込）
図解早わかり
お天気ブック
馬場邦彦 著

私たちの日常生活に密接な関係のあるお天気の話あれこれを、豊富なカラー図解を用いてわかりやすく解説。この一冊で、天気に関する知識と興味が大いに高まるので、ハンドブックとして備えれば、日々の生活やマリンライフに役立てることができるだろう。

B5判／160頁／定価1,575円（税込）
海の魅力を満喫する、クルマ＋ボートの入門ガイド
カートップボートのAtoZ
佐藤正樹 著／もりしま鯉 イラスト

『ボート倶楽部』誌にて3年間掲載された「カートップボート・マスターへの道」を加筆・再編集。一人で手軽にクルマに積んで、いつでもどこへでも気軽にボートを下ろし、安全に釣りを楽しみたい…そんな願いを持つカートッパー＆カートッパー予備軍に向けた、実践的ノウハウ満載の一冊。

A5判／120頁／定価1,890円（税込）
船外機トラブルマニュアル
自力で帰港するための100のテクニック
吉谷瑞雄 著

最近のアウトボードエンジンは信頼性が高くなったとはいえ、機械である以上、絶対に故障しないということはない。しかも、海上では、もしトラブルが発生しても自力で解決しなければならない。本書では船外機の構造から、簡単な修理法や日常の整備法までを100のテーマに分けてわかりやすく解説した。

A5判／216頁／定価1,680円（税込）
日本の気象
海と山で役立つ気象の知識
飯田睦治郎 著

気象は専門的な分野で、素人には不可知なジャンルだと誤解されやすい。しかし、我々は毎日のように、お天気を気にかけている。そんな気象をわかりやすく解説している本書は、気象予報士を目指して勉強中の人に限らず、海や山で行動する者にとって、ぜひ身につけてほしい知識を習得するのに好適な一冊。

B5判／350頁／定価2,940円（税込）
ヨット、モーターボート用語辞典
野本謙作ほか 著

ヨット、モーターボート愛好家が待ち望んでいた、日本初の本格的なヨット、モーターボート用語辞典。本辞典の編纂作業中だった2002年夏、不慮の事故で故人となった野本謙作氏の遺志を継いで完成。

A5判／120頁／定価1,260円（税込）
船外機こだわりエンジニアリング講座
アウトボードエンジンの基本がわかる参考書
吉谷瑞雄 著

海上での船外機のトラブルは、即、遭難につながる。このトラブルを未然に防ぐには、その構造を知り、メインテナンスを欠かさないことが重要。本書では、船外機の基本構造や日常のメインテナンスポイントを、最も身近な自分の船外機に触れながら理解できるように解説した。

KAZI 海の知識シリーズ2　A5判／96頁／定価1,575円（税込）
実践ロープワーク教室
国方成一 著

帆船時代から船乗りたちの手で培われてきたロープワークの技。本書では、画家であり経験豊富なヨットマンでもある著者が、ヨット、ボートで使う実用的な結びのテクニックをわかりやすく解説。シーマンはもちろん、アウトドアスポーツ愛好家や、ロープワークの知的でスマートな楽しみ方を知りたい人にも最適。

ヨット、モータボートの雑誌

KAZI

昭和7年創刊の、日本を代表するプレジャーボート雑誌。マリンレジャーに関する最新情報を発信し、ビギナーからベテラン、そしてクルージングセーラーからモーターボートオーナーまで、さまざまなジャンルのシーマンの教科書として、幅広く親しまれる存在です。専門的な記事ばかりではなく、だれでも気軽に楽しめる、海辺のライフスタイルも提案します。

体裁：A4判・平とじ　刊行：月刊（毎月5日発売）

定価：**1000円**（税込）

| B5判／88頁／定価1,995円(税込) |

DVD&カラーイラストで速攻マスター
ロープワーク入門講座
国方成一 著

日常生活のさまざまな場面でロープを『活かす』ための実践テクニックを、カラーイラストでわかりやすく紹介。さらにロープワークの基本的な結び36種類について、一連の手順をDVDに収録し、初心者でも結びの基礎がマスターできるようになっている。ビギナーの入門書として最適な一冊。

| A5判／240頁／定価1,890円(税込) |

スピン・ナ・ヤーン
ヨットのシーマンシップよもやま話
野本謙作 著

ヨット歴50年余り、愛艇〈春一番〉の航行距離のべ4万マイル以上——。ベテランシーマン野本謙作氏の語るシーマンシップの真髄が凝縮された待望の書。過去に、『KAZI』誌、『クルージングワールド』誌で掲載された同名連載を自ら企画再編集した、著者のクルージング哲学の集大成ともいえる一冊。

| A5判／184頁／定価1,575円(税込) |

新・四季のボート釣り
竹内真治 著

各雑誌で活躍中のボートフィッシングライター竹内真治氏が、小型ボートで楽しむ釣りの奥義を惜しみなく披露。海の生態、魚種別の釣り方、ボート&艤装品選びといったテーマで、ビギナーから、ボートフィッシングを極めたいベテランまでが満足する、エキスパートならではのノウハウを満載。

| A5判／128頁／定価840円(税込) |

図解早わかりブック
ロープの結び方
和田守健 著

日常生活やアウトドア、マリンライフ等でなにげなく使っている「結び」。ロープワークを理論的に納得して覚えようと考える本書は、数ある類書の中でひと味違った結びの解説書。2色に分けてロープの状態と手の動きを図解。わかりやすい解説は、理解を進め、習熟や把握の大きな手助けとなるはずだ。

| A5判／256頁／定価1,575円(税込) |

MESSAGE FROM THE SEA SCAPE
海からのメッセージ
田久保雅己 著

『KAZI』誌で掲載された編集長のコラム『海からのメッセージ』、『SPYGLASS』、『Leading Edge』を10年分（1996〜2005年）まとめた一冊。海を愛する人の視点に立ち、四方を海に囲まれた日本の海の文化、環境、海洋レジャーの安全、普及を考察した珠玉のエッセイ集。

| A4判／240頁／定価1,890円(税込) |

楽園釣り紀行
Fly Fishing High!
残間正之著

フライロッドとカメラを抱えて、世界中を旅するフォトジャーナリスト、残間正之氏。そこで出会った大物、希少種、そして人、自然……。『ボート倶楽部』でもおなじみの練達の士が綴る、フライフィッシングの神髄。

| 四六判／256頁／定価1,500円(税込) |

太平洋ひとりぼっち
堀江謙一 著

昭和37年（1962年）5月12日午後8時45分、全長19フィートのヨットで、兵庫県西宮の岸壁から太平洋へ出航した青年がいた……。『太平洋ひとりぼっち』は、その青年、堀江謙一が綴った冒険の記録である。混沌とした世情に、力を失ったニッポン人に勇気を与える名著。

| B5判／88頁／定価1,995円(税込) |

スモールボートの釣りパーフェクトガイド（DVD付き）
必釣の極意
小野信昭 著

KAZIムック『魚探大研究』の内容をベースに、魚の生態からタックルの選び方、ボートコントロール、魚探＆GPSの操作などを徹底解説。シロギス、マゴチ、カワハギ、アオリイカ、マダイ、オニカサゴ、マルイカなど、定番ターゲットの実釣映像をDVDに収録し、船上でのアクションを動画でわかりやすく解説。

| A4判／88頁／定価1,575円(税込) |

漫画 マイボートフィッシング入門
ボート釣り大百科
桜多吾作 著

『ボート倶楽部』誌にて連載された「ボート&フィッシュ」の内容を大幅に加筆し、マイボートフィッシングに関するノウハウを1冊にまとめた、漫画版ボート釣り入門書の決定版。エサ釣り&ルアーフィッシング、浅場の釣りから深場の釣りまで、さまざまな最新テクニックを一挙公開。

| 四六判／309頁／定価1,800円(税込) |

単独世界一周 ヨット、リサ号と
海のレゾナンス
大瀧健一 著

自然と向き合い、自分を見つめた294日、54,000kmの旅。たった一人、どこの港にも立ち寄らず、地球を回る海の旅へ。ごくごく普通のヨットマンが、30年来の夢を追い求める。長距離航海ヨット〈リサ号〉の準備と艤装ガイド付き。

| A5判／160頁／定価1,000円(税込) |

プレジャーボートでマダイ釣り
北林宏邦 著

自分のフィッシングスタイルに合ったボートの選び方、魚探や海底地形図を駆使してベストポイントを探り出すコツなど、ボートフィッシングの達人から伝授されるワザを網羅。「基本をマスターすれば、マダイと一緒に、たくさんの美味しい魚が釣れる」

| B5判／112頁／定価1,890円(税込) |

東京湾・相模湾・駿河湾
釣り場ガイド 50選
須藤恭介 著

手軽な陸っぱり＆貸しボート釣り場を紹介するガイドブック。東京湾沿岸の全域、相模湾、東伊豆、西伊豆などから50カ所の釣り場を厳選。衛星写真のほか、各釣り場の細かい水深データも盛り込んだ便利な一冊。

ボート、ボートフィッシング、そして海を愛する人の雑誌
Boat CLUB

カートップボート、フィッシングボート、クルーザーなど、身近な小型艇によるボートフィッシングをメインテーマに、幅広い遊び方を提案するモーターボートの専門誌。艤装やメインテナンス、ナビゲーションなど、初心者からベテランまで役立つノウハウをわかりやすく解説。充実したボーティングのパートナーとして欠かせない1冊。

体裁：A4判・平とじ 刊行：月刊（毎月5日発売）　　定価：790円(税込)

BOOKS 書籍

漫画 マイボートフィッシング入門
ボート釣り大百科

桜多吾作　著
A4判／112頁
定価1,575円(税込)

『ボート倶楽部』誌にて連載された「ボート&フィッシュ」の内容を大幅に加筆し、マイボートフィッシングに関するノウハウを漫画で一冊にまとめたボート釣り入門書の決定版。エサ釣り&ルアーフィッシング、浅場の釣りから深場の釣りまで、さまざまな最新テクニックを一挙公開。

DVD&カラーイラストで速攻マスター
ロープワーク入門講座　KAZI DVD BOOKS

国方成一　著
B5判／88頁(オールカラー)
定価1,995円(税込)

日常生活のさまざまな場面でロープを「活かす」ための実践テクニックを、カラーイラストで分かりやすく紹介。さらにロープワークの基本的な結び36種類について、一連の手順をDVDに収録し、初心者でも結びの基礎がマスターできるようになっている。ビギナーの入門書として最適な一冊。

KAZI DVD BOOKS
スモールボートで楽しむ海のマイボートフィッシング
必釣の極意

小野信昭　著
B5判／88頁(オールカラー)
定価1,995円(税込)

KAZIムック『魚探大研究』の内容をベースに、魚の生態からタックルの選び方、ボートコントロール、魚探&GPSの操作などを徹底解説。シロギス、マゴチ、カワハギ、アオリイカ、マダイ、オニカサゴ、マルイカといった定番ターゲットの実釣映像をDVDに収録し、船上でのアクションも動画で見られる。

進化する専門用語を網羅した、ヨット乗りの必携書
実践 ヨット用語ハンドブック

高槻和宏 著
A5変型判／192頁
定価945円（税込）

ここで、問題です。
あなたは、次のヨット用語の意味が分かりますか？

ダン・ブイ、ジャック・ライン、スラムダンク・タッキング、オーバーライド、ディップ、ドローグ、VMG、復原力消失角、バルクヘッド、ビニテ、コード・ゼロ、GMDSS、アペンデージ、ビーティング、ハル・スピード、サンドイッチ構造、ヘッダー

3つ以上わからない用語があれば、ぜひ本書をお買い求めください──著者敬白

"陸で読む海"、あなたの座右に一書
海からのメッセージ
MESSAGE FROM THE SEASCAPE

田久保雅己 著
A5判／248頁
定価1,575円（税込）

『KAZI』誌に掲載された前・編集長のコラム「海からのメッセージ」、「SPYGLASS」、「Leading Edge」の10年分（1996〜2005年）の精粋が一冊の本にまとまりました。海を愛する人の視点に立ち、四方を海に囲まれた日本の海の文化、環境、海洋レジャーの安全、普及を考察した珠玉のエッセイ集。

作家、北方謙三氏も絶賛──
海を友として生きてきた男の声。
これは貴重な記録であり、歴史であり、愛に満ちた独白でもある。時にやさしく、時に峻烈で、私の心の中の海まで想起させずにはおかない。(北方謙三)

難しいと思われていた天気予測を理解しやすく
日本の気象
海と山で役立つ気象の知識

飯田睦治郎 著
A5判／214頁
定価1,680円（税込）

気象は、ややもすると専門的な分野で、素人には不可知の事柄と誤解されやすいもの。しかし、私たちは毎日のように、明日は雨だの、風が強いだのと気にかけます。そんな気象を分かりやすく解説している本書は、気象予報士やその資格を目指している人に限らず、海や山で行動する人たちにとって、ぜひ身に付けて欲しい知識の宝庫です。

好評につき続刊発売！
外洋ヨットの教科書
インナーセーリング❷

青木 洋 著
B5判／164頁
定価1,575円（税込）

日本人で初めてヨットでホーン岬を越え、世界一周を果たした青木 洋氏がまとめた『外洋ヨットの教科書』の続刊。ナビゲーションや装備、高度なセーリングなどの内容を収載し、ヨット初心者はもちろん、中級以上を目指すセーラーにも最適。

KAZI 発行／舵社

お申し込み・お問い合わせは
舵社 販売部

〒105-0013
東京都港区浜松町1-2-17ストークベル浜松町
直通　TEL.03-3434-4531　FAX.03-3434-2640
代表　TEL.03-3434-5181　FAX.03-3434-5184

お申し込みは下記の方法で

最寄りの書店にない場合は、その書店に申し込むか、次の方法でお願いします。
●システムKAZI会員の方は電話もしくはFAXでお申し込みください（会員番号をお忘れなく）。　●クレジットカード(UC、DC、VISA、JCB、AMEX、日本信販)ご利用の方は電話もしくはFAXでお申し込みください（会員番号／有効期限をお忘れなく）。　●その他の方は現金書留か郵便振替（東京00110−9−25521）にて送金ください。この場合、発送は入金確認後となります。

著者プロフィール

小川 淳 （おがわ・あつし）

1961年4月東京都大田区の羽田生まれ。町工場で生まれ育ち、父親の仕事の手伝いで小学生の頃から旋盤を回していた。大学での専攻は工業化学。バッテリーや海水の電気分解（いわゆる電蝕）などを研究テーマとする。卒業後は某精密機器メーカーに勤務。会社では、社内技術系システムのソフトウェア開発に携わっている。

少年時代、近所の人の海苔船（20フィートぐらいの和船）に乗せてもらい羽田周辺の海を闊歩。海と船が大好きになる。1987年、大学卒業の時にオーストラリアのゴールドコーストへ旅行に行き、水上スキーとPWCを体験。帰国後すぐにPWCを購入し、山中湖をベースにマリンスポーツを楽しむ。1995年の東京国際ボートショーを見学して、ボートの購入を決意。会社の仲間2人、従兄弟と4人で、25フィートの中古艇を購入する。東京都江戸川区にあるIZUMIマリーンがホームポート。2004年10月、現在の〈TRITON III〉（ウエルクラフト37コズメル）に乗り替えて、家族や友人らとともに週末のクルージングを満喫している。

ナビゲーション大研究
GPSプロッター＆航海用レーダー入門講座

2007年03月31日　第1版第1刷発行
著者　　　小川 淳
発行者　　大田川茂樹
発行　　　株式会社 舵社

〒105-0013
東京都港区浜松町1-2-17
ストークベル浜松町
TEL:03-3434-5181
FAX:03-3434-2640

装丁・デザイン　鈴木洋亮
印刷　大日本印刷 株式会社
イラスト　蔵　良一
写真　宮崎克彦
　　　小川 淳
協力　株式会社 光電製作所
　　　日本総合システム 株式会社
　　　IZUMIマリーン

©2007 by Ogawa Atsushi,Printed in Japan

海上保安庁図誌利用　第190009号